無表情なんて言わないで。

もっと知りたいうさぎの秘密

「うさごころ」がわかる本

シャンテどうぶつ診療所 寺尾順子 監修

井口病院 イラスト

日本文芸社

はじめまして、うさぎです
うさぎって何考えてるかわからないってよく言われるけど……
全身で気持ちを表現しています！
ダンダン
リラックス〜
バタン
ぴょーーん
心を許した飼い主さんには甘えちゃいます
わがままなところもあるけど…
もうはなしてっ
ゲシッ
受け止めてね

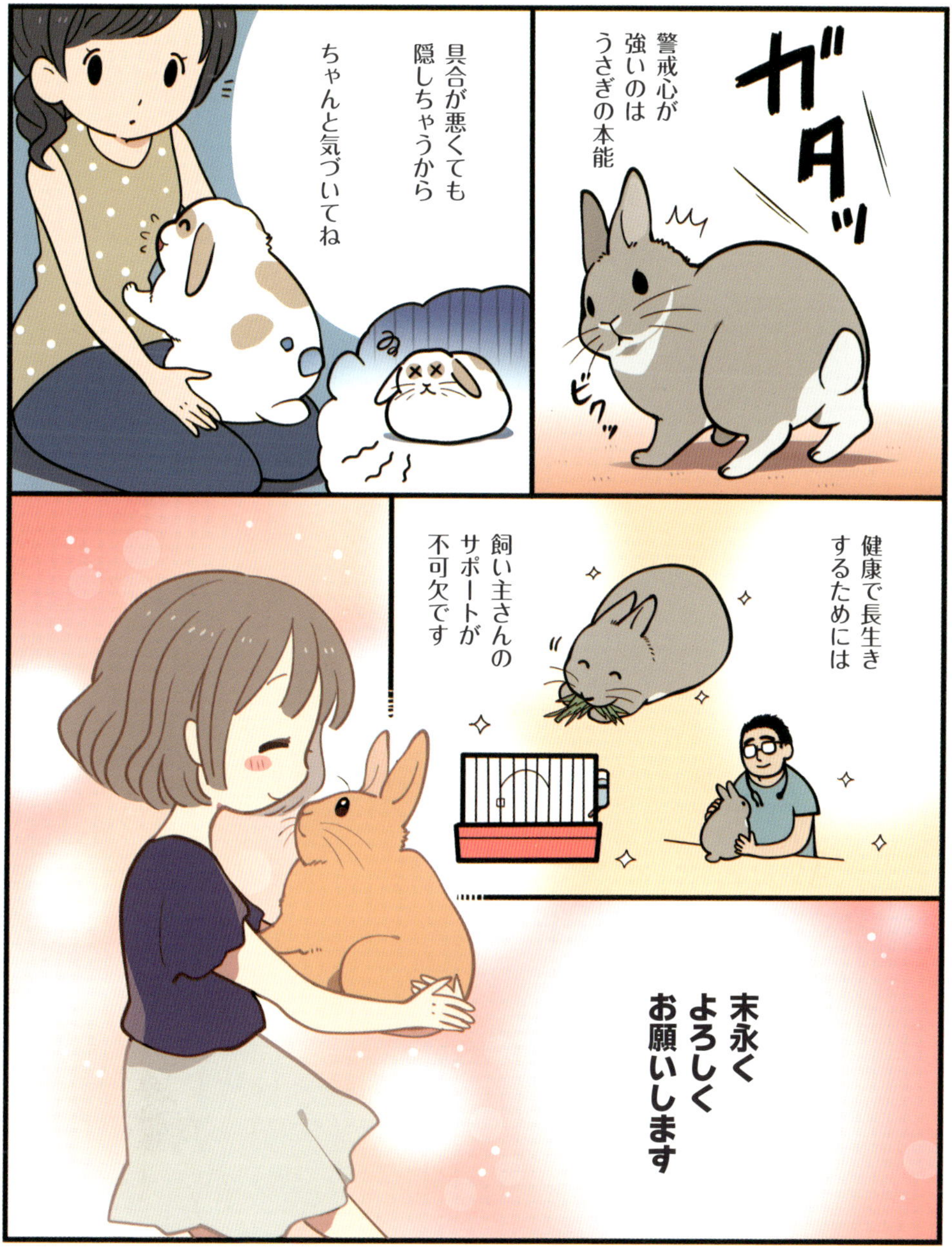
ガタッ
警戒心が強いのはうさぎの本能
ビクッ
具合が悪くても隠しちゃうから
ちゃんと気づいてね
健康で長生きするためには
飼い主さんのサポートが不可欠です
末永くよろしくお願いします

Contents

part 1 うさぎの体

part 2

うさぎの心

ホリ
ホリ
ホリ
ホリ
スィーッ

Fight!
ニュッ

part 3

うさぎとの暮らし

part 4

うさぎとのお付き合い

P.12からの本書のみかた

ふきだし

わたしたちの疑問

うさぎってどんな動物?

見出し

うさごころ

ご先祖様はアナウサギです

part 1

うさぎの体

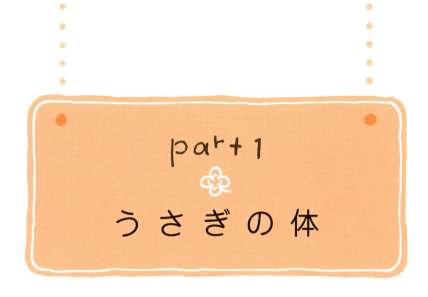

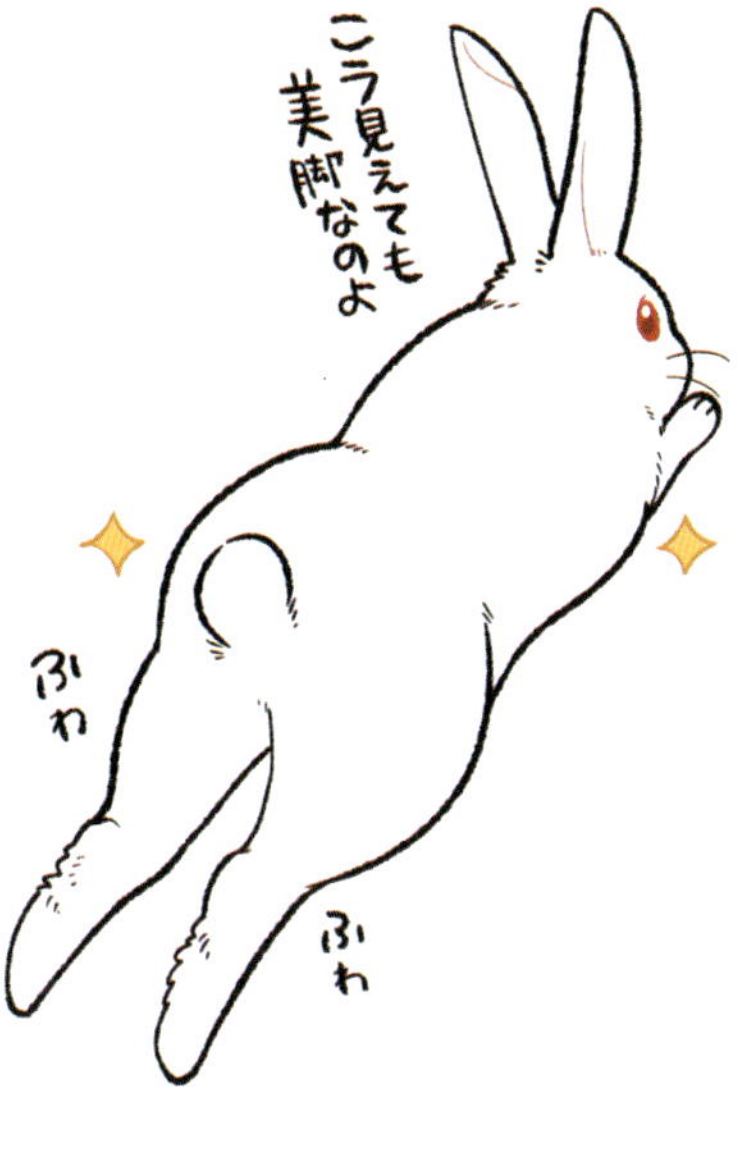
こう見えても
美脚なのよ
ふわ
ふわ

うさぎって
どんな動物？

ご先祖様はアナウサギです

うさぎの習性を知って環境を整えよう

ペットうさぎの祖先はアナウサギ。ホリホリと床を掘るしぐさをしたり、トンネル遊びを喜ぶのはアナウサギが地中にトンネルでつながった巣穴（ワーレン）を掘って生活していた名残です。

自然界では多くの肉食動物から狙われていたので、基本的にうさぎは警戒心が強い動物。ペットうさぎの中には警戒心の弱い子もいますが、大きな音がしたり急に手を出されたりしたときなどは本能的に恐怖を感じて、咬《か》みついたりパニックになることもあります。

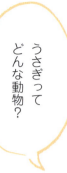

アナウサギは上下関係がある群れで暮らし、それぞれの縄張りを持ちます。家の中でも、家具などにあごをこすりつけたり、オシッコをかけたりして、においで縄張りを示します。子孫を残そうとする本能も強く、発情からのマウンティングや偽《ぎ》妊娠《にんしん》などが問題となることも。生殖器疾患を防ぐためにも去勢・避妊手術の検討を（P.111参照）。

草の茎や木の皮などをかじって食べる習性から、なんでもかじるのでいたずら対策は万全に。草食動物としての体のしくみはペットでも変わりません。牧草を主食にすることで健康を保ちましょう。

1日のスケジュールは?

薄暗いときが元気です

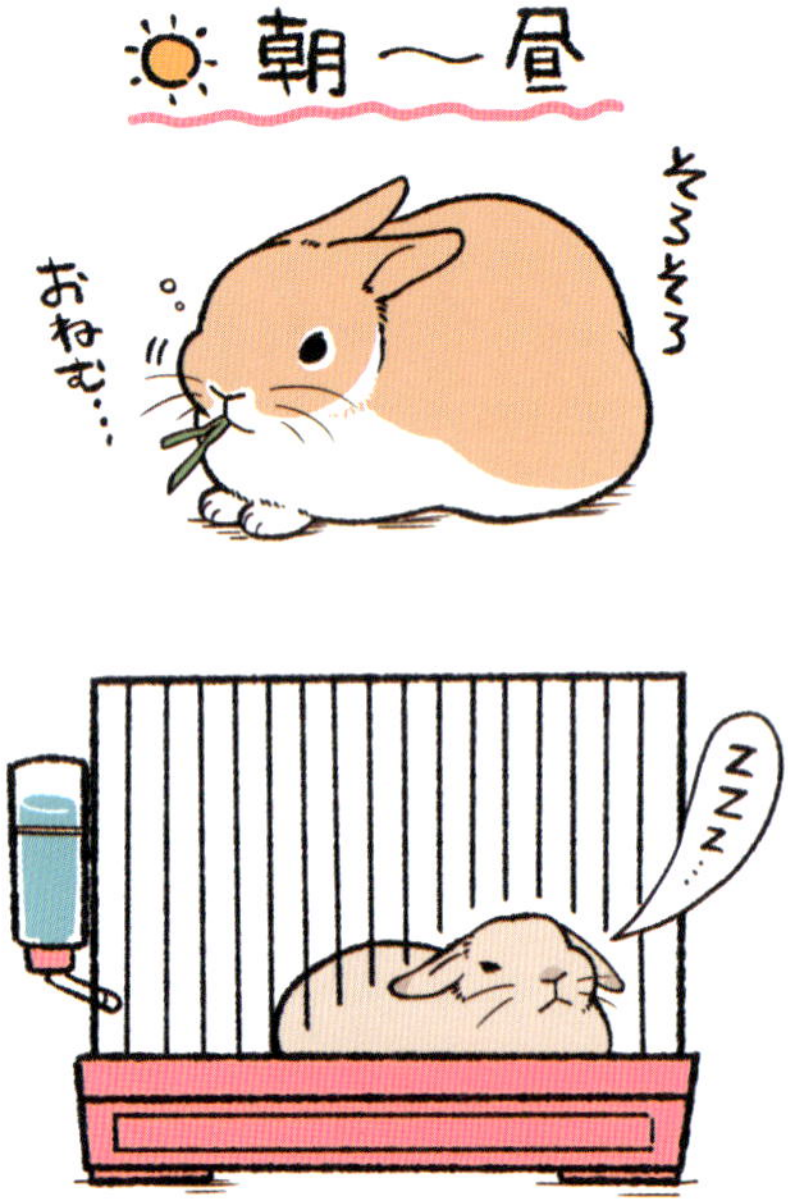

お世話や運動は活発な時間に行なって

うさぎは夕方から早朝にかけて活動する「薄明薄暮性《はくめいはくぼせい》」の動物。日が沈む頃に目覚めます。野生なら巣穴から地上に出て草を食べたりする時間。「ごはんちょうだい!」「遊びたい!」とソワソワし始めます。

そのまま夜のアクティブタイムに突入。もりもりごはんを食べて、縄張りのにおいチェックに遊びにと、活発に動き回ります。部屋で遊ぶ「へやんぽ」やお世話は、この時間がおすすめです。

早朝の薄暗い時間帯は、野生で

夕方〜夜〜明け方

は捕食動物が少ない絶好の活動時間。そのため早朝にも元気に騒ぎ出すことが。その後はだんだん眠くなってきます。

昼は、野生なら巣穴の中にいる時間。お昼寝タイムです。ときどき起きて牧草をつまんだりしながらウトウト。体を休めます。

以上がうさぎの1日のスケジュールですが、うさぎは順応性が高い動物なので、お世話や遊ぶ時間を決めれば、ある程度は飼い主さんの生活リズムに合わせてくれます。無理にうさぎに合わせて夜ふかししたりする必要はありません。「おうちスケジュール」を守って楽しく暮らしましょう。

つぶらな瞳で
何を見てるの?

なんでも
お見通しです

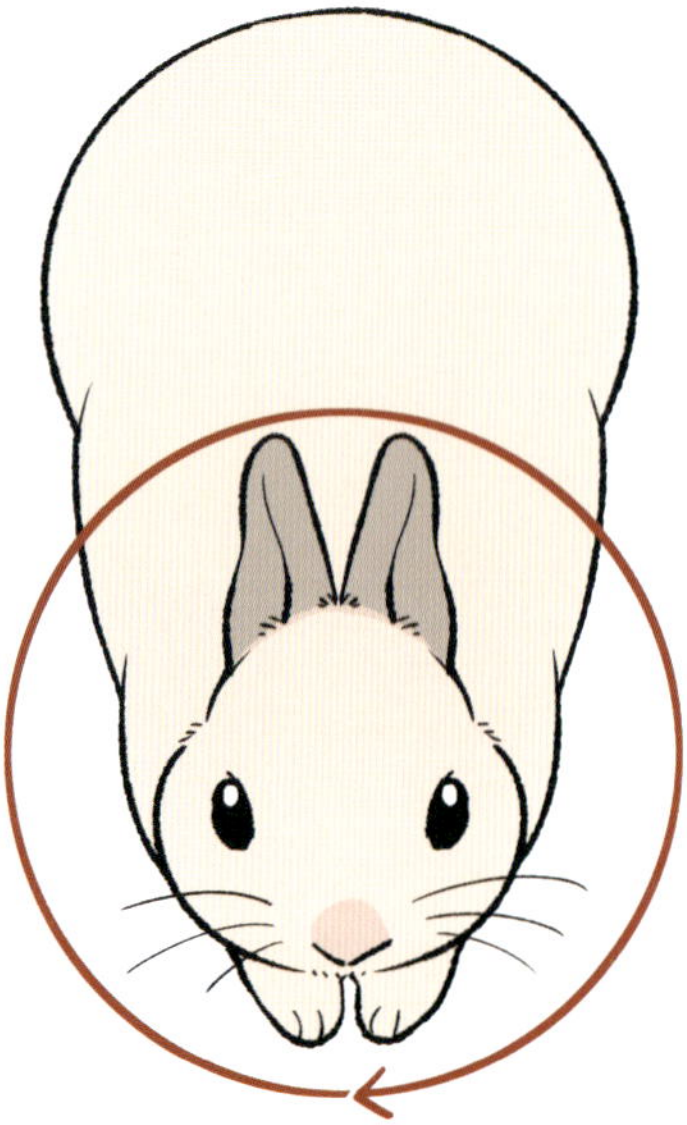

視界はほぼ360度!
振り返らずに後ろが見える

うさぎは多くの肉食動物から狙われる被捕食動物です。身を守る手段は、敵をいち早く察知し逃げ出すこと。そのためにうさぎの体は進化してきました。

大きな瞳が顔の両側についているのは、敵がどの方向から来ても見逃さないため。人間は顔の正面に目があるので、振り返らないと背後を見ることはできませんよね。けれどうさぎの目は側面にあるので、後ろから近づく敵にも気づくことができるのです。

左右それぞれの視野を合わせる

と、見える範囲はなんとほぼ360度。顔の正面と後頭部は見えないようですが、目が高い位置についているので、頭上から迫る敵もいち早く察知することができます。

ただし両目で見ることができる範囲は狭く、立体的に物を見るのは苦手。色も青と緑くらいしか認識できないのだとか。

ちなみに、うさぎの目はもともとやや飛び出すようについていますが、明らかに出っ張っているように見えたら、眼窩膿瘍《がんかのうよう》など病気のサインかもしれません。ほかにも色が白く濁って見える、目やにや涙が多いといった場合も、動物病院を受診しましょう。

うさぎの耳は
どうして長いの?

長い耳は飾りじゃないのです

どんな音も聞き逃さない！ 好感度のレーダー

うさぎといえば、長い耳ですよね。長く幅広い耳は、小さな耳よりも高い集音効果があります。この高機能な耳のおかげで、うさぎはいち早く敵の立てる足音などを感知することができるのです。さらに左右別々に動かすこともできるため、どの方向からの音も逃さずキャッチします。

聴覚はとても優れていて、人間には聞こえない高周波の音も聞き取れるので、音には敏感。家に迎えた当初は、ちょっとした音にいちいちビックリしたりします。

そのうち生活音には慣れていきますが、本能的に犬やカラスなどの鳴き声や、キーキーというような高音、うさぎの警戒音であるスタンピング（P.50参照）に近い音などは苦手です。

また、耳には体温調節の機能もあります。暑いときは血流を耳に集めて外気にあてることで放熱します。逆に寒いときは耳を伏せ、体温が逃げないようにします。

耳は薄くデリケートなので、耳を持って運んだりするのはもちろんNG！ 耳の垂れたロップイヤー種は耳あかがたまりやすいので、ときどき耳をチェックするといいでしょう。

においは
どれくらい
わかるの？

いろんなにおいを嗅いでます

なんのにおいかな？
くん
くん
くん

においから
さまざまな情報を解読

うさぎは人間の10倍とも言われる優れた嗅覚の持ち主。危険な敵の接近や、おいしい草のありか、繁殖可能な異性の存在などを嗅ぎつけます。

野生では薄暗い中で生活し、鳴き声も出さないうさぎにとって、視覚や聴覚よりも頼りになるのは嗅覚です。うさぎ同士のコミュニケーションには、においが持つ情報がとくに重要になります。

はじめて見る物や相手は、まずにおいを嗅いで確認。うさぎ同士はにおいを嗅ぐだけで、相手の性別や年齢、健康状態などがわかるのだそう。オスは意中のメスに、オシッコをかけてアピールすることも！

縄張りにはあごの下の臭腺《しゅうせん》をこすりつけ、自分のにおいをつけます。家具などにあごをスリスリとこすりつけるのは、大事なにおいつけの儀式なのです。

オシッコや、臭腺から出るにおいをつけたウンチも、縄張りの主張に使われます。とくに多頭飼いの場合、「あいつに負けるか！」とばかりにオシッコ、ウンチをまき散らすことも。掃除をするのは大変ですが、うさぎの気持ちを汲んで大目に見てあげましょう。

ここボクのなわばりー！

歯の健康も守ってます

小さな口でよく食べるね

牧草モグモグでおなかも歯も健康に

うさぎの歯は常生歯《じょうせいし》といって、一生伸び続けます。個体差はありますが、1年で約12センチも伸びるとされています。そのためかたいものをかじったり、繊維質の高いものを食べて歯をすり減らす必要があります。いつも牧草をモグモグしているのは、おなかを満たすだけでなく、歯をすり減らすためでもあるのです。

歯は全部で28本。そのうち前歯（切歯《せっし》）は正面から見えるのは4本ですが、実は6本です。上の前歯の裏に、小さな歯が重なって生

うさぎの歯の構造

臼歯
重歯
切歯
ここテストにでまーす
ハーイ

えています。この特徴から、うさぎはげっ歯目《しもく》ではなく重歯目《じゅうしもく》（うさぎ目）に分類されます。

味覚は人間以上に発達していて、8000種もの味を判断すると言われています。「有機野菜をあげたら、普段あげていた野菜を食べなくなった！」なんてことも。同じ銘柄のペレットでも、生産時期が違うと急に食べなくなることもあります。

「これしか食べない！」というがんこな子は、それが手に入らなくなると命の危機に直結することも。小さいころからさまざまな味を経験させて、味覚の幅を広げておくことも大切です。

けっこう
足が長いんだね！

ジャンプも穴掘りもお任せください

こう見えても美脚なのよ
ふわ
ふわ

足の働きを助ける足裏の毛

くつろいで足を伸ばしているところを見ると、意外に後ろ足が長くてビックリしますよね。

長く大きな後ろ足をバネにして、うさぎは高さ50〜60センチ、足をかけて飛び越える形なら1メートルもジャンプできます。筋肉が発達していて、走るスピードもなかなかのもの。短く小さい前足は、土を掘るのに適しています。

足の裏に肉球はなく、毛で覆われています。毛がクッションの役割をして、ジャンプの衝撃も吸収。さらにブラシのように少し毛並み

うさぎの骨格

ここもテストにでまーす
しっぽにもちゃんと骨があるー!
足の骨長ーい!

が立っているので、地面をつかみやすく、走りやすいという優れモノです。雪の上でも足が沈まず、岩場でも足裏を傷つけずに歩くことができるのです。

飼育下では、固い床の上に長時間座りっぱなしでいたり、滑るフローリングの上をいつも歩いていたりすると、足裏の毛が禿げてソアホック（足底皮膚炎《そくていひふえん》）になることがあります。

肥満で足裏に負荷をかけることも一因に。生まれつき足裏の毛が薄く、ソアホックになりやすい子もいます。住環境や運動量に気を配り、ときどき足裏のチェックをするようにしましょう。

とっても毛がふわふわだね

自慢の衣装です

季節に合わせて衣替え

うさぎの毛の手触りは格別で、ずっとなでていたくなってしまいますよね。なで心地がよいだけでなく、毛には保温機能があります。

うさぎの毛は2層構造。アンダーコートをガードヘアーでカバーすることで、体温を逃がさず暖かく保つのです。さらに気温の変化に合わせて換毛《かんもう》します。冬はアンダーコートの密度を濃くすることで保温効果を高め、夏は密度を薄くして熱がこもりにくくします。人間の衣替えと同じですね。

エアコンの効いた部屋で暮らす

ペットうさぎは、何度も換毛期が来たり、ダラダラと長期間換毛し続けることも。換毛は体力を使いますし、抜け毛を大量に飲み込んで毛球症《もうきゅうしょう》になる危険もあります。季節の変化を感じられるよう、ときどき換気をするなどして、自然な換毛を促しましょう。

ところでメスうさぎの飼い主さんには、「うちの子のマフ（首周りにできる肉垂《にくすい》）が大好き！」という人も多いのでは？　でも実は、脂肪を蓄える出産前以外、肉垂はメスでもないのが普通。常にマフがある子は、ダイエットが必要かも!?　一度かかりつけ医に相談してみましょう。

あれ？さむい？？
もう冬？？
換毛しなくちゃ！

ウンチを食べるって
本当？

ウンチも大事な栄養源です

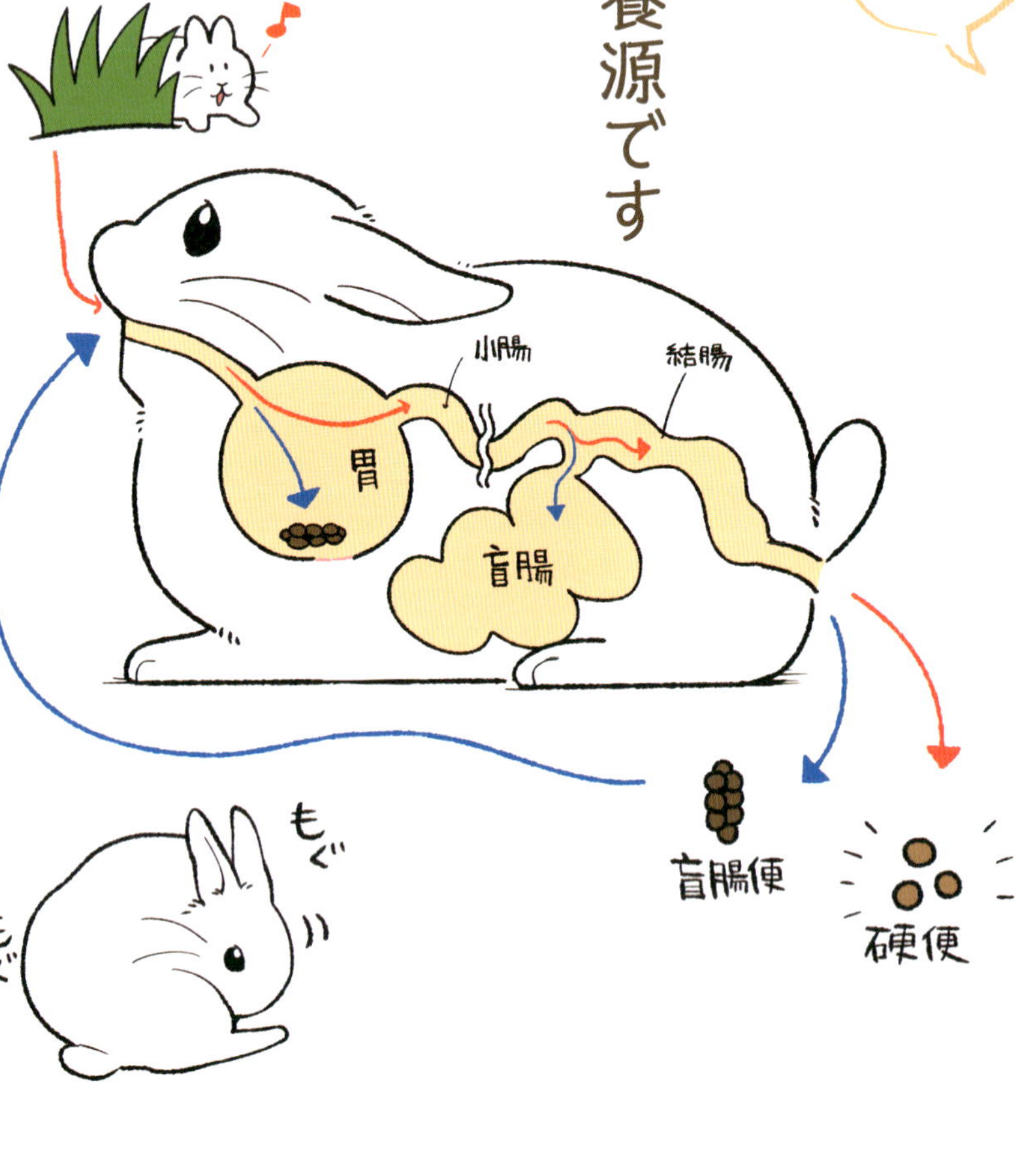

盲腸便は栄養食品みたいなもの!?

　うさぎは2種類のウンチをします。ひとつめは、かたくて丸いコロコロとしたウンチ。これがいわゆる普通のウンチ（硬便《こうべん》）です。

　2つめは、盲腸便《もうちょうべん》というやわらかいウンチ。ブドウの房のような形をしていることが多いですが、たいていは肛門に直接口を付けて食べてしまうので、目にすることはあまりないかもしれませんね。

　うさぎが食べた食物は、食道、胃、小腸を通った後、胃の10倍もの大きさをもつ盲腸の中で発酵されます。腸内細菌の力で繊維質を分解し、栄養を吸収しやすい形となった盲腸便として排出。消化しきれない繊維は、硬便として排出されます。

　盲腸便はビタミンやたんぱく質を多く含んだ、いわば栄養食品。盲腸便を食べることで、胃腸から栄養を再吸収するのです。「ウンチを食べるなんて汚い！」なんて思わないでくださいね。

　たまに硬便を食べることもあります。異常ではありませんが、あまり頻繁であれば繊維質不足の可能性もあります。また盲腸便を食べずに残している場合は、盲腸内環境の悪化（＝悪玉菌の増加）が疑われます。食事内容を見直して。

うさぎの品種を知りたい！

人気の品種を紹介します

立ち耳、垂れ耳、短毛、長毛……
うさぎの品種はさまざまで、それぞれ異なる魅力を持ちます。
現在 ARBA※に登録されている純血種は、49 種類※。
なかでも日本で人気の 6 品種をご紹介します！

※世界最大規模のうさぎ団体「アメリカン・ラビット・ブリーダーズ・アソシエーション」。
※ 2017 年 7 月時点

ホーランドロップ

体長　35㎝前後
体重　約1.3～1.8㎏

垂れ耳うさぎの中では最小。穏やかで人なつこい性格で、飼いやすい品種です。寝転がって熟睡したり、飼い主さんのあとをついて回るといった愛嬌のよさも人気を集めています。

警戒心ゼロ!?

耳が
立ち気味の子も

ネザーランドドワーフ

体長　25㎝前後
体重　約0.8～1.3㎏

日本で見られる純血種の中では最小。コンパクトなかわいらしさで大人気！　活発で気が強く、慣れるまで時間がかかる子もいますが、なつくと飼い主さん一筋な一面も。

抜け毛で
帽子ができたよ

イタズラ大好き♡

仲よしです

ジャージーウーリー

体長　25㎝前後
体重　約1.3～1.6kg

小型で丸みのある体に、フワフワの毛が愛らしい人気者。絡みにくい毛質で、お手入れは比較的簡単。おっとりした子が多く、長毛種初心者さんにもおすすめです。

ドワーフホト

体長　25㎝前後
体重　約1.0～1.3kg

まるでアイラインのような、目の周りを縁取るアイバンドが目を引きます。好奇心旺盛で物怖じしない性格なので、一緒に遊びたい飼い主さんにピッタリです！

アメリカンファジーロップ

体長　35㎝前後
体重　約1.4～1.8㎏

モコモコのシルエットがキュートな垂れ耳長毛うさぎ。好奇心旺盛で人なつこい性格です。やわらかく絡みやすい毛質なので、お手入れに手をかけられる人に向いています。

ミニレッキス

体長　35㎝前後
体重　約1.6～2.0㎏

ビロードのような艶のある毛並みが特徴。高密度のふかふかの被毛は触り心地バツグンで、ずっとなでていたくなること間違いなし！　穏やかで人なつこい性格です。

表情

うさぎは無表情な動物と
思われがちですが
お口を開けると
こんなに笑顔！
ニコ！
あくび中は怒っているみたい
がおー〜っ
下から見るとまるで
人間を見下しているような……
フッ
いやコレ本当に見下してるよね!?

高所注意

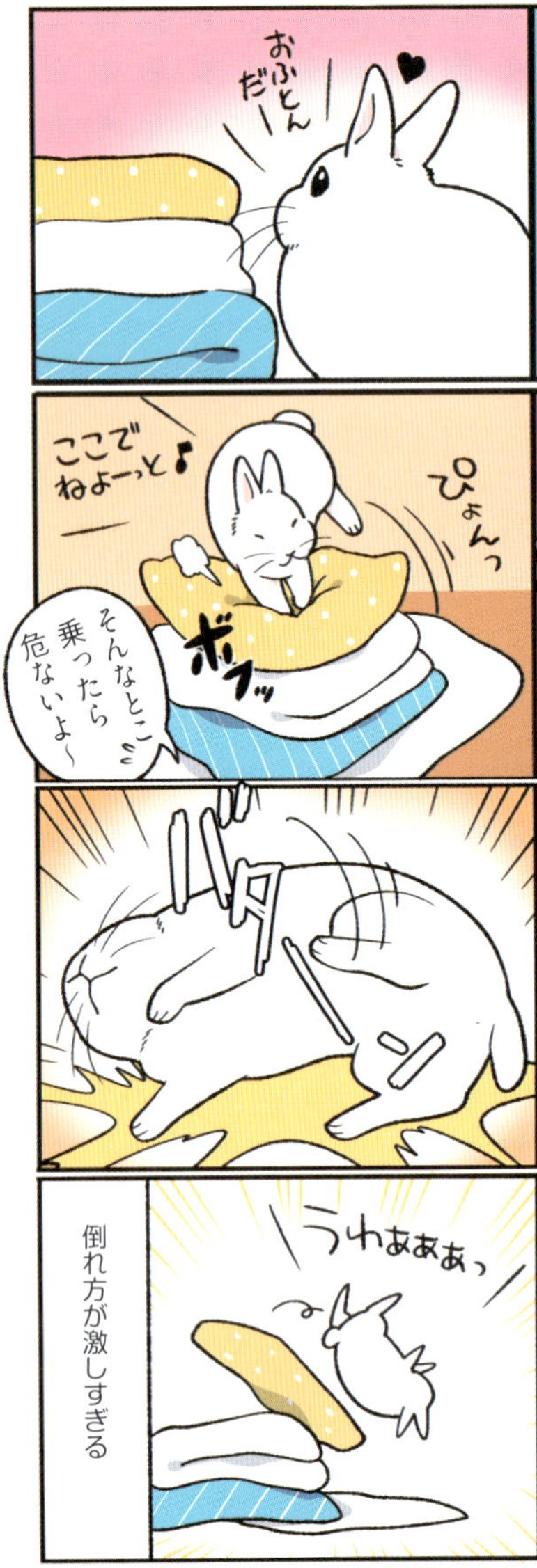
おふとんだー
ここでねよーっと♪
ぴょんっ
ボフッ
そんなとこ乗ったら危ないよ〜
バタン
倒れ方が激しすぎる
うわあああっ

part2

うさぎの心

気持ちは
どこに表れる?

けっこう感情表現豊かです

表情、しぐさ、行動 人の感情表現と同じかも

「うちの子の気持ちをもっと知りたい！」と思ったら、うさぎを観察してみましょう。

まずは、表情。うさぎは無表情と言われますが、毎日よく見ていれば、表情の変化に気づけるはず。「目がキラキラしてうれしそう！」「なんだかきつい顔。怒ってる？」「しょんぼりして、元気がないみたい」など、表情からたくさんのことが読み取れるでしょう。

次に、しぐさ。楽しいときはスキップするみたいにジャンプしたり。イライラしたら地団太《じだんだ》を踏む

ように激しく足ダン。緊張したときは、顔を洗って気を紛らわす……。「人間もこういうことするよね」なんて親近感を感じられるしぐさもたくさんあります。

そして最後に、行動。かじったり、掘ったり、においつけをしたり。そんな野生の習性からくる行動もあれば、ペットならではの行動も。コミュニケーションが深まれば、なでなでを催促してきたり、あとをついてくるなど、より親密な行動が増えてきます。「この行動はどんな意味?」「何を伝えようとしているの?」と、いつもうさぎと向き合うことで、気持ちが通じ合っていくことでしょう。

アイコンタクト、
できるかな?

目は口ほどに ものを言います

目には気持ちも体調も表れます

前述したとおり、うさぎの気持ちは表情からも読み取れます。とくに目は、表情が出やすいパーツ。「おいしいものをもらって喜んでいるとき」「かまってもらえなくてすねているとき」「嫌いなブラッシングをされて怒っているとき」など、目の表情に注目して見てみると、うさぎの気持ちがもっとわかるようになるでしょう。

こちらの気持ちを伝えたいときにも、目を見ることが大切。叱るときや、ほめるときなど、うさぎの目を見ながら語りかけましょう。「いたずらしちゃだめ！」「こっちにおいで」など、そのうちアイコンタクトだけでうさぎに通じるようになるかもしれませんよ。

目には体調も表れます。元気なうさぎは、目がいきいきとして輝きがあります。目に生気がないと感じたら、体調不良を疑って。

ちなみに、ときどき白目をむくことがありますが、ビックリしたり興奮したときに目を見開くと見えてしまうだけで、異常ではありません。ただ片方だけ盛り上がっている、いつも白目が見えるといった場合は目の裏に膿が溜まっているなど病気のサインの場合もあるので、動物病院を受診して。

耳が左右別々に動いてる？

気になるほうに向けてます

立てて、伏せて、動かして……耳は大忙し

うさぎは気になる音がすると、耳をピンと立て、その方向に向けます。気になる音が1つなら両耳を同じ方向に向けますが、警戒しているときは、アンテナのように左右の耳をそれぞれいろいろな方向に動かし、周囲の様子を探ります。垂れ耳うさぎでも、音をよく聞こうとするときは耳の根元を持ち上げます。

そんなときになでようとすると、「今大事な音を聞いてるんだからやめて！」と、逃げられてしまいます。耳が動いているときは、耳

に触らないようにしましょう。

耳を伏せて体もダランと伸ばしていたり、うとうとしているようなときは、リラックス中です。ただ、耳を伏せている=警戒度が低いかというと、そうとも限りません。

野生のうさぎは敵に出会ったとき、見つからないように耳を伏せて草むらなどに隠れます。耳を伏せて姿勢を低くし、体をこわばらせていたら、かなりの緊張状態。臆病な子は、攻撃するときに耳を伏せて向かってくることもあります。耳の状態だけでなく、姿勢や目の表情なども合わせて見るようにしましょう。

いつも鼻がヒクヒクしてるね?
ひく
ひく

においを嗅ぐのはお仕事です

鼻の動きでリラックス度もわかる

うさぎは優れた嗅覚《きゅうかく》を持ち、においからさまざまな情報を読み取ります（P.20参照）。そのため起きている間はずっと鼻をヒクヒクさせてにおいを嗅いでいます。

「おいしいものがあれば、食べにいけるように」「危険な敵が近づいてきたら、すぐに逃げ出せるように」さらには「縄張りに侵入するやつがいたら、咬みつきにいけるように！」だったりもします。「素敵な異性のにおいがしたら、いちばんに求愛しに行けるように」でもあるでしょう。

うさぎがにおいを嗅ぐのは、命を守り、繁殖し、食べ物を見つけるため……生きていくために欠かせないお仕事なのです。

鼻の動きが速くなるのは、警戒状態で周りの様子を探っていたり、気になるにおいを嗅ぎつけて、集中しているとき。一生懸命においを嗅いでいるときは、邪魔しないであげましょう。

遅いときは、とくに気になるにおいがあるわけではなく、のんびりしているときです。鼻の動きがだんだん遅くなって、そのうち止まったら……眠ってしまったということ。起きるとまた鼻が動き始めますよ。

うさぎは鳴かないの?

鼻を鳴らしておしゃべり（?）します

怒りや愛、恐怖……「鼻音」に感情が表れる

うさぎは鼻を鳴らして音を出します。犬や猫のように何かの訴えやコミュニケーションのために「鳴く」のとは違い、感情が高ぶったときなど自然に「鼻が鳴ってしまう」ことがあるようです。よく鼻を鳴らす「おしゃべり」な子もいれば、ほとんど鳴らさない子も。うさぎの鼻の鳴らし方にも、性格が出ているのかもしれません。

強い「ブッ!」や「ブーッ!」という音を出すときは、お怒りモード。「ブーッ!」と大きな音を出しながらパンチをしてきたり、

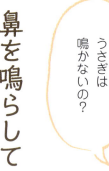

咬みついてくることもあります。

なでられているときなど、「プウプウ」とやわらかい音を出すときは、甘えモード。「飼い主さんにかまってもらえてうれしい」という気持ちの表れです。さらに愛が高まりすぎて発情・興奮すると、オスがメスに求愛するときのように、「ブッブッ」と低い音を出しながらまとわりついてくることも。

また、極限の恐怖や強い痛みを感じたときには、「キーキー」と高い音を出すことがあります。

ちなみに、いつも鼻を鳴らしていびきをかいている子は、呼吸器疾患の可能性も。気になったら一度受診しましょう。

もしかして、歯ぎしりしてる？

くやしくなくても歯ぎしりします

うれしいとき、つらいとき歯ぎしりには2種類ある

歯ぎしりというと、人間だったらくやしいときや怒ったときにするイメージですよね。でもうさぎの場合、ちょっと違います。

うさぎの歯ぎしりは2種類あります。ひとつめは「うれしい」「気持ちいい」というよい意味でする歯ぎしり。なでられているときなどに、リラックスした表情で「コリコリ、ショリショリ……」と軽い音の歯ぎしりをしていたら、喜んでくれている証拠です。

２つめは、「痛い」「嫌だ」といった苦痛やストレスを訴える歯ぎ

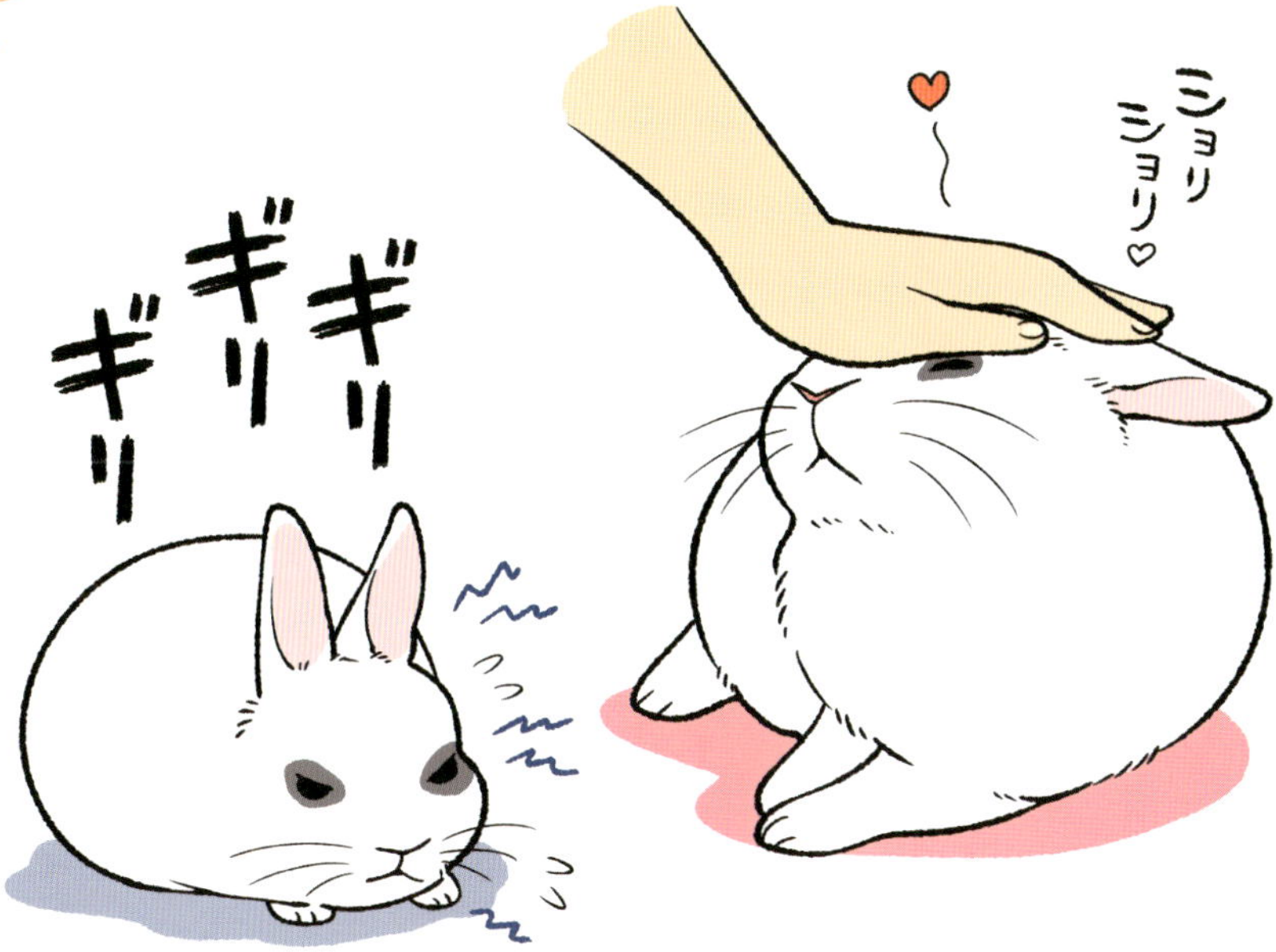

しり。うずくまり、体をこわばらせて「カチカチ、ギリギリ」といった強い音の歯ぎしりをし続けているときは、体に痛みを感じているサインです。すぐに病院へ！

また、抱っこやブラッシング中に強い歯ぎしりをしだしたら、「もうこれ以上我慢できない。お願いだからやめて！」と訴えています。すみやかに解放してあげて。

不正咬合《ふせいこうごう》（P.１０８参照）などが原因で歯ぎしりをすることも。さらに、口のあたりを気にして顔を洗うしぐさを頻繁にする、あごの下がよだれで濡れているようなときは、歯の疾患の疑いあり。動物病院で診てもらいましょう。

急にダッシュして
どうしたの?

危険を感じたら全力疾走！

怖いと思ったら とりあえず猛ダッシュ！

攻撃手段をほとんど持たないうさぎにとって、身を守る一番の方法は「逃げること」。そのためうさぎは「怖い！」と思ったとき、反射的に逃げ出します。そんなときは、足がもつれるようになりながら必死でダッシュ！　表情も、目を見開いて緊張しています。

臆病な子は、小さな音や、飼い主さんが急に動いたことなどにビックリして走り出すことも。パニックになると、壁などにぶつかってケガをしてしまうこともあります。飼い主さんが動揺して大きな声を出したり追いかけたりすると余計に怖がらせてしまうので、落ち着いて対応を。

遊びとして「楽しぃ〜！」と走り回ることもあります。そんなときは、目がキラキラと輝き、「楽しくてたまらない！」というようにプルプルッと頭を軽く振ったり、スキップみたいに軽やかに跳ねたり。「すごいね！」と声をかければ、ますます調子に乗ってスーパージャンプを見せてくれるかもしれませんよ。

楽しく走っているときは存分に走らせてあげたいですが、興奮しすぎる子は途中で少しクールダウンさせましょう。

足踏みダンダン、うるさいよ～！

足ダンでいろいろ訴えます

警告、抗議、気を引く手段？大きな音でアピール

後ろ足を「ダン！」と床に打ちつけるスタンピング、通称「足ダン」。これは本来、うさぎの警戒信号。野生では、敵の襲来などの危険を周囲や地下の巣穴にいる仲間に知らせる意味があります。

緊張した表情で体をこわばらせて足ダンし続けているようなときは、警戒が解けるまでそっとしておきましょう。

ペットうさぎの場合、足ダンを飼い主さんへのアピールに使うことも多いようです。「かまって！」「ケージから出して！」に始まり、食事の用意が遅いと「早くしなさいよ！」と足ダンで催促。飼い主さんが咳やくしゃみをすれば「その音、嫌なんですけど！」と抗議の足ダン。ブラッシングや抱っこなど、嫌なことをされた後には、「ほんとムカつく！」と不快感を足ダンで表現することも。

　さらに、遊んでいて興奮したときに「イエーイ！」と足ダンをするような子もいます。

　ときには「うるさいよ！」と言いたくもなりますが、足ダンもうさぎの気持ちの表現のひとつ。足音が響きにくい床材にするなどの工夫をしつつ、上手に付き合っていきましょう。

床をずっと
掘ってるね？

ホリホリ欲求は止まりません

掘りたいだけのときもあれば ストレス発散したいときも！

ペットうさぎの先祖はアナウサギ。ホリホリと床を掘るのは、本能的な行動です。

「でも、そこは土じゃないし。掘れないでしょ!?」と突っ込みたくなるかもしれませんが、うさぎは真剣そのもの。「掘るぞ～！」と一生懸命頑張っているときは、邪魔しないであげましょう。

ループ状のじゅうたんには爪をひっかけたり、フローリングでは滑ってバランスを崩しケガにつながる危険があります。うさぎが存分にホリホリできるよう、安全な

環境を整えて。

不満やイライラをホリホリで発散したり、気になるにおいがするところをホリホリすることもあります。ブラッシング中に「嫌だってば！」と飼い主さんの膝などをホリホリしてきたり。外出先から帰った飼い主さんのにおいをしつこくチェックしたあげく、「変なにおいがする！」と、服をホリホリしてくることも。とくにほかの動物やうさぎのにおいには敏感です。ペットショップに行った帰りなどは、「この浮気者〜！　わたしのにおいを付け直してあげる！」と、ホリホリ＆オシッコの洗礼を受けることもあるかも!?

パンチにキック、痛いんですけど！

攻撃力を甘く見てはいけません

怒り！　わがまま？ 攻撃には落ち着いて対応を

ケージに手を入れたら「縄張りに入るな！」とパンチ。おやつをあげようとしたら「よこせ！」とパンチ。座っていたら「どけ！」とパンチ。ときには「もっとかまえ！」とパンチ。両前足を「バン！」と床にたたきつけたり、「ブーッ！」と怒りの鼻音を鳴らし威嚇してくることも。うさぎがおとなしい動物なんて幻想です（涙）。もちろん、そんなことをしない穏やかな子もいますが……。

うさパンチの意外な威力に、思わず「やめて～！」と叫びたくなりますが、そこは我慢。強気なうさぎは飼い主さんを下に見て、ますます攻撃的になる危険あり。落ち着いた態度で接しましょう。

力強い後ろ足でのキックは、もっと強烈。主に無理やり抱っこしたときや、爪切りなどを嫌がって繰り出されます。それだけうさぎも必死ということ。うさぎに安心感を与え、落ち着かせることが大切です。嫌なことは短時間で済ませる技術も磨いてくださいね。

抱っこから解放された後など、「ひどい目にあった～！」と、わざとらしく後ろ足を蹴り上げながら走っていくのはご愛嬌。「頑張ったね」とほめてあげましょう。

犬みたいに
しっぽを振るの？

たまにはしっぽも振ります

しっぽフリフリはレア!?上げたり下げたりがメイン

うさぎは犬や猫のように頻繁にしっぽを振ることはありません。目にする機会は、あまりないかもしれませんね。でもなかには、よくしっぽを振る子もいます。

例えば気になるにおいを一生懸命クンクンと嗅ぎながら「このにおいはなんだ？」と、集中しているとき。大好きなおやつをもらって、大興奮で食いついているときなど。プルプルとずっと小刻みに振る子もいれば、フリフリッ！と素早く一瞬だけ振る子も。走り出す前や、遊んでいて「楽しい！」

とテンションが上がっているときに振る子もいるようです。

野生では敵から逃げるとき、しっぽを上げて裏の白い部分を見せながら走ります。あえてしっぽを目立たせることで、仲間に危険を知らせるのです。

そのため緊張・警戒状態のとき、強気で威嚇しているときなどはしっぽが上がります。リラックスして力を抜いているときにはしっぽも下がります。

また、発情中のオスは臭腺《しゅうせん》から出るにおいを発散するためしっぽを上げたり、しっぽを振ってメスにアピールすることも。オシッコをするときにもしっぽを上げます。

立ち上がって
何を見てるの?

気になるものが
あるんです

遠くまで見渡して情報収集

「聞き慣れない音がした！」「気になるにおいがする！」といったとき、後ろ足で立ちます。野生では周りに草が生えているので、立ち上がることで視界が開けるのでしょう。ちょっと高いところ（ハウスの上や飼い主さんのおなかなど）に上ってさらに立ち上がる子もいます。気になる方向を見つめながら、耳をそちらに向けて音を拾い、鼻をヒクヒクさせてにおいから情報を収集します。

「危険が迫っている！」と判断すれば反対方向に逃げ出しますし、「とくに危険はない」と判断すればまたもとの姿勢に。「いいこと（おいしいものなど）があっちにある！」とわかればそちらへダッシュします。

　未知のものが多い子うさぎや、好奇心旺盛な子は、よく「うたっち」します。うさぎの感覚は人間より優れているので、飼い主さんが気付かない小さな音やかすかなにおいに反応している場合も。「何もない場所をジーッと見つめてる。まさか幽霊が!?」なんてゾッとした経験のある飼い主さんもいるかもしれませんが、たぶん隣の部屋や外からの音が気になっているだけなのでご安心を！

目を閉じてるの、
見たこと
ないんだけど?

目を開けたまま寝ています

寝ているときも「寝てないふり」

目を開けたまま眠るのがうさぎの習性。野生ではいつ敵に襲われるかわからない緊張状態の中で暮らしているうさぎは、「寝てなんかいませんよ〜」と「起きているふり」をしながら眠るのです。基本的に眠りは浅く、何か音がしたりすればすぐに目を覚まします。

とはいえ、いつも目をパッチリ開けているわけではなく、リラックスしているときは目を細めます。

ものすご〜く眠いときは、目を細めてうつらうつら……と舟をこぎ出し、「目は閉じない……閉じ

ない……閉じないんだからあ～！」と闘っているように目をシバシバさせた後、睡魔に負けて目を閉じ「寝落ち」してしまうことも。その後「ハッ！」と目を開けて頭を戻すのがいじらしいところ。習性なので仕方ないですが、「敵なんかいないから大丈夫だよ～」と言いたくなりますすね。そんな子がいる一方、おなかを見せて寝転がり、目を閉じて熟睡する警戒心ゼロの子もいます。

また、具合が悪くて目を細めていることも。目に生気がなく、ずっとうずくまっている。食欲がない。触られるのを嫌がる。といったサインがある場合は病院へ。

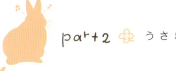

突然バタン！
もしもし、
生きてますかー？

寝相に気持ちが表れます

リラックス度と気温で寝方は変化

うさぎは基本的に座って寝るもの。横になるのはリラックスしている証拠です。なかでも突然コロンと寝転がるのはかなりくつろいでいるとき。何も不安や警戒要素がなく、「寝〜ようっと♪」と、ごきげんで横になっています。ケージの中で寝転がるとバタンと大きな音がしてビックリしますが、心配しなくて大丈夫です。ただし、フラフラして何度も倒れたり、回転していたら緊急事態。斜頸《しゃけい》（P.110参照）によるローリングかもしれません。すぐに病院へ！

ところでうさぎはなぜ座って寝るのでしょうか？　答えは「すぐ逃げ出せるように」。敵に襲われたとき逃げ遅れないよう、いつでも走り出せる準備をしているのです。寝転がって眠れるのはペットの特権かもしれませんね。

気温によっても寝方は変わります。暑いときは、体を伸ばしておなかを床につけます。野生なら冷たい土でおなかを冷やすのでしょう。寒いときは反対に体を丸め、体温を逃がさないようにします。例えばいつも丸まって寝ているようなら、寒がっている可能性も。室温をチェックしてみましょう（P.102参照）。

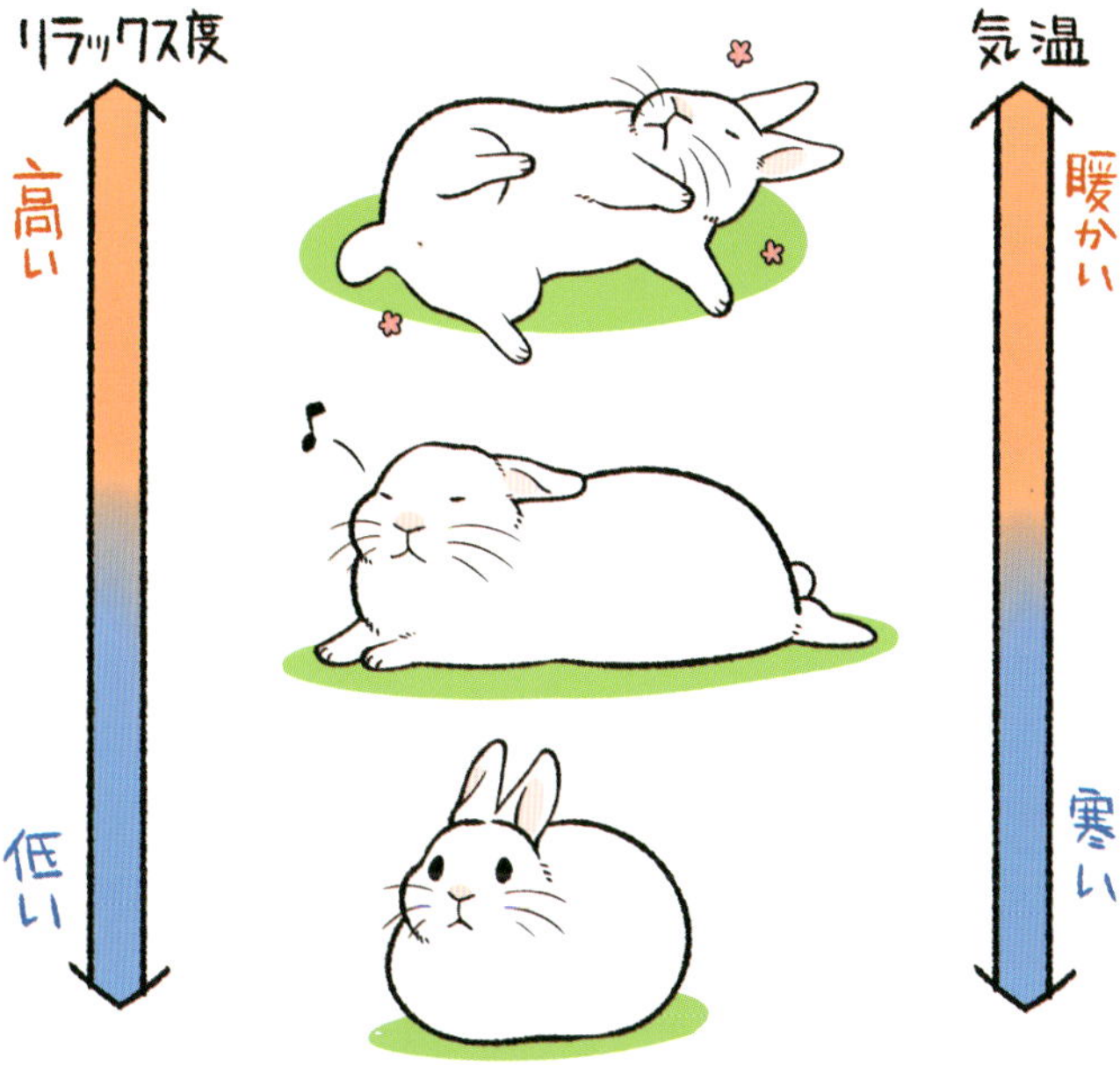

どうしてそんなに
いたずらするの？

趣味は かじることです

これ結構
イケるわ〜

ギャー！
ブランドバッグがっ

なんでもかじってしまうから人間側で対策を！

うさぎはかたいものをかじったり、歯をすり合わせることで伸び続ける歯をすり減らす必要があります（P.22参照）。物をかじるのはうさぎの本能です。

　また「これはなんだろう？　食べられるのかな？」と、確認するためにかじってみることもあります。「おっ、これはかじりやすいぞ！」と思ったら、本でも服でもリモコンでも電気コードでも、すべてうさぎのかじり木代わりになってしまいます。ティッシュなどは、植物の繊維が入っているためか食べてしまうことも。

本能的な行動なので、しつけでやめさせることは不可能です。電気コードをかじって感電したり、観葉植物を食べて中毒になるといった事故の危険も。「へやんぽ」させるときには、うさぎの口が届く範囲にかじられたくない物、食べると有害なものは置かないのが鉄則です。

壁紙や柱のかじり対策には、うさぎがかじりやすい角に猫の爪とぎ防止用の透明シートを貼る方法も。どうしてもどかせない電気コードは、コルゲートチューブや柵でガードして。コンセントにもカバーをつけましょう。

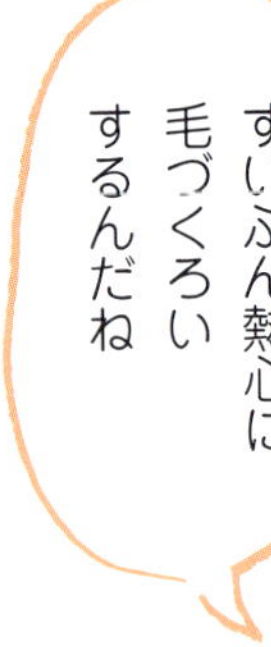
ずいぶん熱心に
毛づくろい
するんだね

とっても きれい好きなのです

とっ
とどかないっ…
ヨユ～

においをとるために いつもペロペロ

うさぎはとってもきれい好き。ペロペロと全身をなめていつもお手入れしています。その理由は、体のにおいをとるため。野生では敵に見つからないよう、自分のにおいを残さないことが重要だからです。

うさぎに体臭はほとんどありません。もし、「うちの子ちょっとクサイ」と感じるなら、トイレの掃除不足かも。また、病気で耳などがにおうことも。変なにおいがすると思ったら要注意です。

抜け毛が増える換毛期《かんもうき》には、毛

づくろいの際にたくさんの毛を飲み込んでしまい毛球症《もうきゅうしょう》などの一因となることも。ブラッシングをしっかり行ないましょう。
　転位行動《てんいこうどう》といって、緊張やストレスを紛らわせるため、自分を落ち着かせるために毛づくろいをすることもあります。はじめての場所に連れて行ったときや、爪切りの後などに顔洗いをするのはこのパターン。人間が緊張する場面で思わず頭をかいたりするのと同じです。
　執拗に一か所をなめ続けているときは痛み、かゆみなど体に違和感を感じているサインかもしれません。動物病院を受診しましょう。

口いっぱいに牧草をくわえて、どうしたの!?

赤ちゃんを産む準備です

妊娠していないのに母親気分になることも

口からあふれるくらい大量の牧草をくわえて、ウロウロ。さらに自分の胸元やおなかの毛をブチブチむしり始めて、ビックリ！「どうしちゃったの～!?」と心配になってしまいますよね。

これは妊娠したメスうさぎがする行動。母うさぎは赤ちゃんを産む巣穴（産室）に草や自分の毛を敷き詰めてベッドを作るのです。ウロウロしているのは、「赤ちゃんを産むのはどこがいいかしら」と、よい場所を探しているから。場所を決めると、そこに牧草と毛を集めます。

交尾をしたことのないうさぎでも、この行動をすることが。オスのにおいを嗅いだり、飼い主さんがお尻まわりを強くなでたりしたことで発情して排卵が起こり、「妊娠した」と体が勘違い（偽妊娠《ぎにんしん》）してしまうことが原因です。

巣作り行動が一度で終わる子もいれば、何度も繰り返す子も。牧草と毛をすぐに片付けてしまうと慌ててまた作り始めることがあるので、うさぎが落ち着くまで置いておきましょう。発情を繰り返すと体に負担をかけるので、お尻まわりへの強い刺激は避けて。避妊手術も検討を。

腕に抱きついて
腰をカクカク……
これってもしかして!?

男の本領発揮です！

繁殖のためだけでなく優位に立つためにもする

飼い主さんの脚や腕にしがみついて、腰をカクカク。そう、それは疑似交尾行動・マウンティングです。しばらくカクカクした後、交尾が終わったときと同じようにパタッと倒れる子までいます。

最近人間の世界でも使われるように、マウンティングには「格付け」の意味も。カクカクを許していると、飼い主さんを下に見て、どんどん増長してしまいます。相手にせず、サッと脚や腕を外してその場を離れるのがベストな対応です。

遊びのひとつになってしまっている場合もあります。興味を持ちそうなおもちゃなどを用意して、気をそらす努力をしてみて。無視し続けるのが難しければ、代わりにぬいぐるみを与えるという方法も。去勢すると少し落ち着くこともあります。

カクカクするのは主にオスですが、メスでもする子はいます。うさぎ同士では後ろからでなく前からしがみついて、頭にカクカクするというパターンも！

オス同士が出会うと、マウンティング合戦になってしまうこともあります。うさぎの格付け争いは激烈なのです。

近づいたら頭を下げて、ご挨拶？

なでてほしいのです

頭を下げるのはおねだりポーズ

　うさぎはなでられるのが大好き。とくにおでこが気持ちよいポイントです。だから頭を下げて、「なでて〜」と催促するのです。「なでてポーズ」が出たら、なるべく応えてあげましょう。

　なかには、いつも飼い主さんがなでてくれる場所でジーッと頭を下げて「飼い主さん、まだかなあ」と待っている、いじらしい子もいます。

　ちょっと強引に「ほら、なでてよ〜！」と、手の下にグイグイ頭を突っこんでくることも。さらに

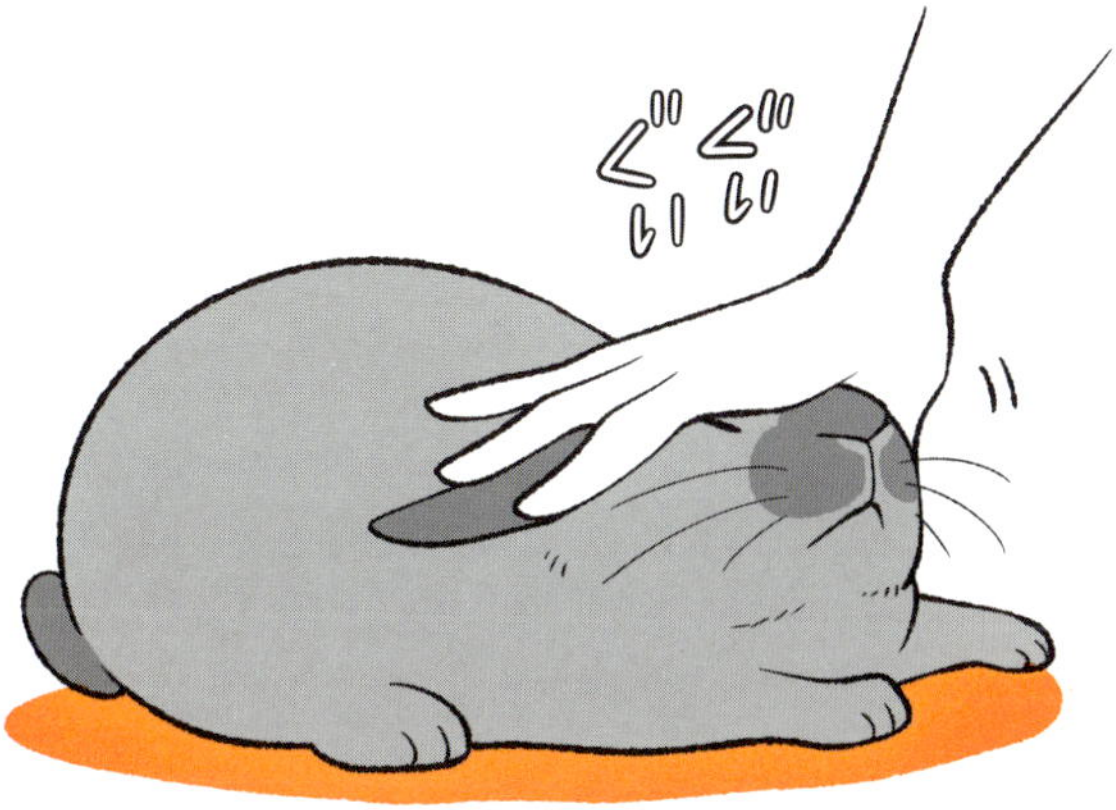

手をなめてきたり、ホリホリしてきたり。あの手この手でなでてもらおうと必死になる子もいます。そんなときは用事の手を止めて、しばしうさぎに付き合ってあげましょう。

うさぎ同士の場合は、毛づくろいする側が優位という意味もあり、下位のうさぎが服従の姿勢で毛づくろいされる構図もあるようです。飼い主さんを下に見て攻撃性が高まっているような子には、後ろからマウンティングポジションで抱え込み、頭の上に人間のあごを乗せることで飼い主さんのほうが上だと示すことがしつけに効果的な場合もあります。

わたしのことを
なめるのは
愛情表現?

無意味なペロペロはいたしません

愛情表現でなめることもあるかも!?

動物が飼い主をなめる理由としてよく言われるのは「塩分補給をしようとしている」というもの。うさぎの場合は、手についたにおいが気になってなめることがあります。野菜や果物などのおいしそうなにおいがしたら、思わずなめたくなってしまうのでしょう。異性のうさぎを触った後だったりすれば、「素敵なフェロモンのにおいがする〜」と、うっとりした表情でなめてくることもあります。

　そのほかに「毛づくろいのつもり」でなめてくることもありそう

です。仲のよいうさぎ同士は、ペロペロとなめて毛づくろいし合います。なでた後にお返しのようになめてくるのは、その感覚かも。

うさぎによっては、飼い主さんをお世話してあげようとするかのように熱心になめてくる子もいます。「愛情表現」というのもあながち間違いではないかもしれませんね。

なでる手を止めると「もっとなでてよ」と催促するようになめてきたり、「かまってよ〜」となめてくることも。また、抱っこされているときなどに「もうやめて〜」と、必死でペロペロしてくる子もいます。

周りをグルグル。いつまで回ってるの～!?

愛の8の字走行です

ワクワクと興奮で思わず回っちゃう！

「飼い主さんが帰ってきた。うれしい！　遊んで～！」「あ、なんかおいしいものを持ってるみたい。わーい、ちょうだいちょうだい！」足の周りを8の字を描くように回るのは、そんなワクワクした気持ちの表れです。

オスからメスへの求愛行動でもあるので、発情しているときにすることも。興奮が高まるとマウンティングを始めたり、オスが意中のメスにオシッコをかけるマーキングの習性から、オシッコを飛ばしてくることもあります。興奮しすぎているときはいったんケージに戻すなどして落ち着かせましょう。

甘えん坊で「つねに飼い主さんと一緒にいたい！」というタイプの子は、足元にまとわりつきながらあとをついてくることもあります。誤って踏んでしまわないよう気を付けて。

縄張り意識の強い子が、「オレの縄張りに入ってくるな！」と、走って追いかけてくる場合も。さらにパンチや咬みついたりと攻撃してくることもあります。そんなときは飼い主さんが怖がると余計にエスカレートするので、毅然とした対応を心がけましょう。

かまってもらえたらうれしいです

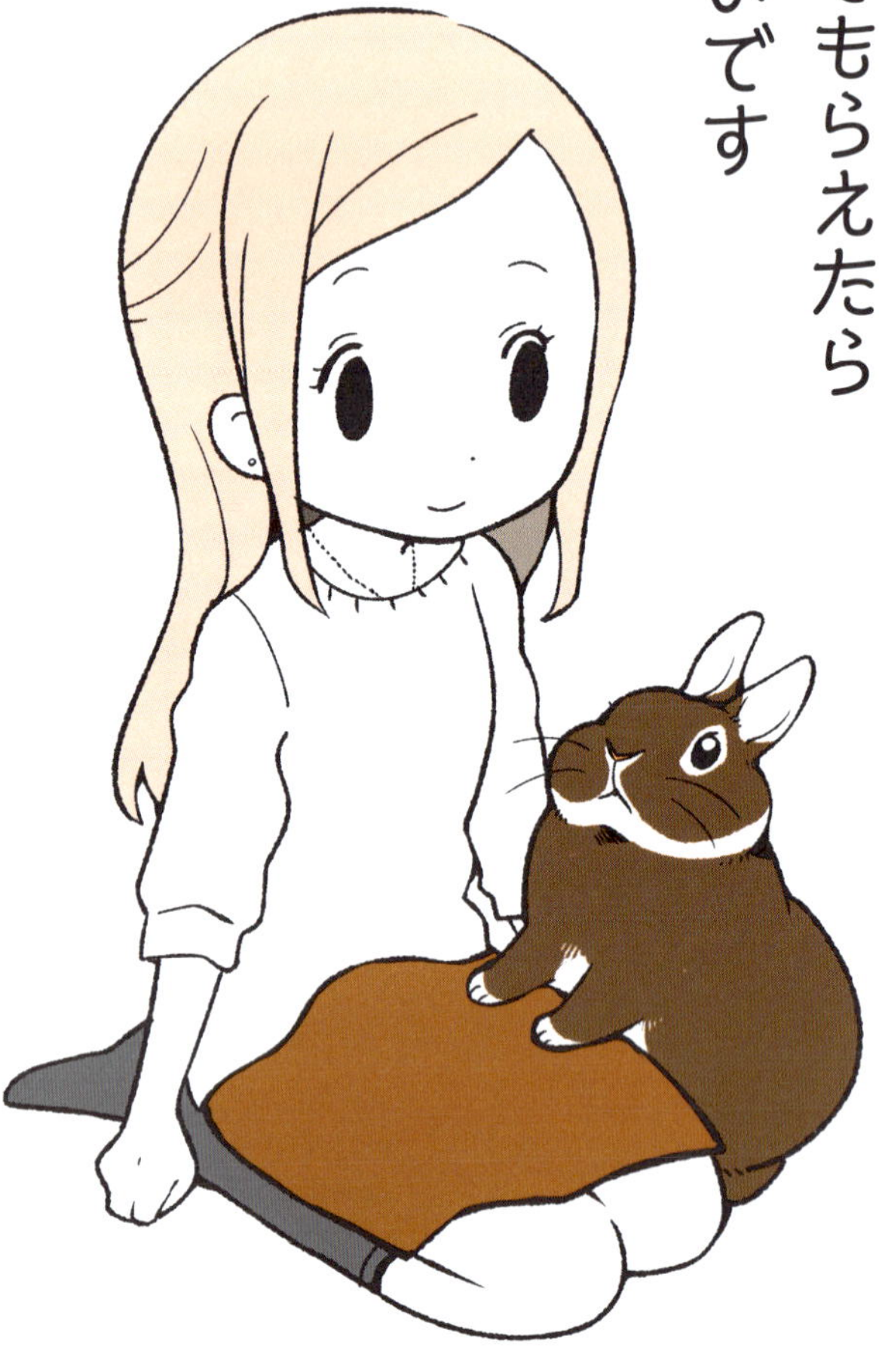
膝の上に前足チョコン。かわいすぎ！

うさぎからの控えめなアピール

ノシッと軽い重みを感じて見ると、うさぎが膝や背中に前足をかけている！　なんとも萌えるシチュエーションです。できればしばらくそのままでいてほしいけれど、たいていはすぐに足を下ろしてしまいますよね。

なぜなら、うさぎはちょっと関心を引ければ満足だから。「どうしたの。何か用？」と声をかけてもらえればそれでいいのです。スマホや読書に夢中になっているときなど、飼い主さんが自分を見てくれていないと思ったときにしてくることが多いはず。へやんぽ中、完全に目を離すのは考えものです。「ちゃんと見てて」という、うさぎからの忠告に感謝しましょう。

そもそもうさぎはつねにかまわれたいわけでもないけれど、なんとなく自分が中心にいたいというわがままなところがあります。こちらがしつこくかまうと逃げるくせに、ほかのことに気を取られているとそっと前足をかけてくる。そんなツンデレ具合、いかにもうさぎらしいですよね。家族が集まっておしゃべりをしていたりすると、急に輪の中に入ってくることも。そんなときはおおいに注目して、ちやほやしてあげましょう。

鼻でツンツン。
なんのご用ですか？

通り道はあけてください

邪魔なものは鼻先で押してどかしちゃえ

前足をかけるのがうさぎからの控えめなアピールだとすれば、鼻ツンはかなり積極的なアピール。明確に飼い主さんに訴えたいことがあってしています。

多いのは、「そこどいて〜！」というシチュエーション。「通り道をふさいでいて邪魔！」だったり、「わたしのお気に入りの場所に座らないで！」だったり。軽く鼻をツン！としてくるときは、まだ軽めの要求ですが、ズン！と強く押してくるときは、本気でどかそうとしています。

「はいはい、ごめんなさいね」とどいてあげるか、「嫌だよ〜。キミがそっちに回ってよ」とうさぎに譲歩させるかは、飼い主さんしだい。ただ、いつも簡単に要求に従っていると、「こいつはすぐに言うことを聞いてくれる」と、下に見られてしまうので気を付けて。また、かまってほしいときに鼻ツンしてくることもあります。

　うさぎは前足を手のようには使えないので、邪魔な物をどかすときは鼻先で押してどかします。飼い主さんがなでているときに鼻で押して手をどかしてきたら、「今はなでてほしくないの！」ということです。

体の上に乗ってくるのはどうして？

高いところに上りたいのです

うさぎは意外に高いところが好き

　寝そべっているとおなかや背中に乗ってくるのは、うさぎが高いところに上るのが好きだから。床に積んであった本の上からテレビ台へ、そこから棚の上へ、といった具合に、踏み台になる物があるとどんどん上ってしまって、高いところから落ちてケガをしてしまうこともあるので注意が必要です。

　空を飛ぶ鳥が高いところを好むのはわかるけれど、野生では地下に巣穴を掘って生活しているうさぎがなぜ高いところに上りたがるのか不思議ですよね？　でもうさ

ぎは巣穴からジャンプして跳び出したり、小高い丘に上って敵が来ないか見渡したり、と野生でも上下運動を意外にしているようです。落ちてもケガをしない程度の高さで、上下運動ができるよう、へやんぽスペースに踏み台やクッションなどを置いてあげるのもおすすめです。

気になる音がしたときなど、もっとよく見ようと高いところに上ってさらに後ろ足で立ち上がることも（P.59参照）。飼い主さんの体の上で寝そべったりくつろぎ始めるようなら、乗り心地のよいベッドと思われているのかもしれませんね。

咬みつくのにも理由があります

お願いだから
咬まないで！（涙）
ぷん

気持ちを先読みして咬まれないよう対策を

咬まれて過剰に反応すると、余計に興奮して咬んでくることも。「咬んだらダメ」と毅然とした態度で教えるとともに、咬みついた理由を考えて対策しましょう。

ケージに手を入れたり、掃除中に咬まれた。へやんぽ中飛びついてきて咬まれた。といった場合、「縄張りに入るな！」「においを勝手にとるな！」「縄張りから出ていけ！」などの理由で咬みついている可能性大。サークル内だけで遊ばせるなど縄張りを制限することで落ち着くこともあります。

触ろうとしたら、抱っこしようとしたら咬まれた。というときは、まだ人間の手に恐怖心があったり、抱っこで落とされた経験などから「怖いから嫌！」と咬んでいるのかも。無理せずゆっくり慣らしましょう。慣れている子でも、急に背後や上から手を出すと本能的に「敵に襲われる！」と恐怖を感じて咬むこともあります。

ほかにも、嫌いなうさぎやほかの動物のにおいがした、発情の興奮から、などさまざまな理由があります。咬む前の様子を観察し、咬まれそうになったらサッと手をどかすなどして咬むことが習慣にならないようにしましょう。

毛づくろい

うさぎはとってもキレイ好き
なで
なで
本能的に体ににおいがつくとすぐとろうとするので……
かいぬしのニオイ
くん
くん
飼い主は結構傷つく……。
変なにおいついちゃった〜
ペロ
ペロ
ペロ

お鼻の役割

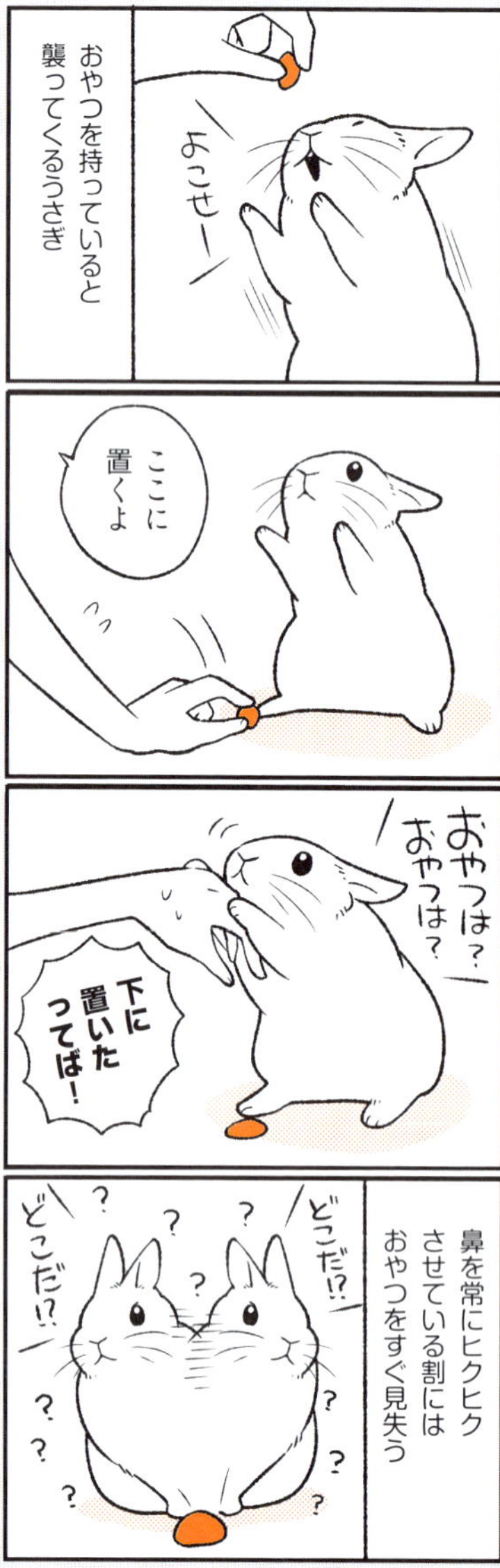
おやつを持っていると襲ってくるうさぎ
よこせー
ここに置くよ
おやつは？おやつは？
下に置いたってば！
鼻を常にヒクヒクさせている割にはおやつをすぐ見失う
どこだ⁉
どこだ⁉

part 3

うさぎとの暮らし

はじめまして。最初はそっとしておいて

はじめまして！
よろしくね

うさぎのお迎え〜家での最初の過ごし方

　うさぎと出会える場所といえば、代表的なのはペットショップ。うさぎ専門店も増えています。ブリーダーから直接迎えたり、里子として譲り受けるという方法も。どれを選ぶとしても、大切なのは次のポイントです。

◆衛生的な環境で、適切な食事を与えられて育っている（牧草やペレットを食べている）
◆生後1か月半以上経っている
◆健康状態がよい

　これらを満たしていないと、子うさぎのころから病気がちだった

健康なうさぎのチェックポイント

目、鼻、耳、口の周りがキレイ
歯の噛み合わせが正常
体にフケやかぶれがない
ウンチの状態が良くおしりがキレイ
足にケガや脱毛がない
前足の内側の毛に汚れがない

り、家に迎えてすぐに亡くなってしまう悲しいケースも。事前にしっかりチェックしましょう。

お迎えしたら、初日はケージに布などをかけてそっとしておきます。新しい環境にうさぎが慣れるまで、触ったりするのは我慢です。2〜3日経ったら話しかけたり、手渡しで牧草などをあげてみて。4〜5日経ってケージ内で落ち着いているようなら、部屋に出してみます。抱っこで出すようにすると、抱っこの練習にもなって◎。「へやんぽ」中も最初はあまりかまわず見守るようにしましょう。そのうち、うさぎから寄ってきてくれるようになりますよ。

どんな
おうちがいい？

ゆったりくつろげるおうちに住みたいです

くつろげるケージを快適な場所に用意しよう

ケージはうさぎの巣穴代わり。落ち着いて過ごせるマイホームを用意してあげましょう。

サイズは大人になっても体を伸ばして寝そべることができ、立ち上がっても頭が当たらない広さを基準に。清潔に保つため、掃除がしやすいこともポイント。底が引き出せるものがおすすめです。

ケージ内のレイアウトは、ケガをしたりしないようシンプルに。最低限用意したいのはフード入れ、牧草入れ、給水ボトル、トイレ。必要に応じてかじり木やオモチャ

を入れても。平らでかたい床は足裏に負担をかけるので、凸凹のあるすのこを敷くとよいでしょう。

ケージを置くのは、次のような場所が理想的。

◆2面が壁に接している
◆風通しがよく適度に日が当たる
◆エアコンの風が直接当たらない
◆出入り口に近すぎない

万が一、地震や火事が起きたときのことも考え、倒れてくると危険な大きな家具のそばや、燃えやすいじゅうたんの上、カーテンの下などは避けましょう。普段から災害時に備え、避難用のキャリーや食料のストックなども用意しておくと安心です。

うさぎも運動が必要？

ケージから出して遊ばせてください

安全対策をした上でへやんぽを楽しんで

　犬のように散歩させる必要はありませんが、うさぎにも多少の運動は必要。一日一度はケージから出して部屋の中で「へやんぽ」させてあげましょう。

　ケージの外に出すときは、いたずら対策を万全に（P.64参照）。フローリングだと足が滑ってしまうので、一部だけでもマットを敷いて自由に走り回れるスペースを用意して。オシッコをしてもすぐにふき取れるような素材を選べば掃除も楽。サークルで区切ったスペースで遊ばせてもよいでしょう。

　へやんぽ中の過ごし方は、うさぎそれぞれ。アクティブな子なら、楽しく運動できる場所を増やしたり、うさぎが好むオモチャを置いてみたり。のんびりさんなら、くつろげるベッドを用意したり、たくさんなでてあげたり。へやんぽ時間を楽しめるよう工夫しましょう。

　ときにはベランダでの「べらんぽ」や、庭を使って「にわんぽ」で気分転換をしてみても。ベランダは柵の隙間から落下しないよう、板などを貼って対策を。カラスや猫など外敵が侵入してくる危険もあるので、目を離さず、短時間にとどめましょう。

ごはんの
お好みは？

主食は牧草です

牧草＋ペレットがうさぎの基本の食事

うさぎは繊維質豊富な食事をとることで歯の摩耗や腸のぜん動を促し、健康を保ちます。主食として牧草をたくさん食べてもらうことが、長生きにもつながります。

牧草にも種類がありますが、基本は繊維質豊富で低カロリーなイネ科のチモシー、成長期のうさぎには栄養豊富なマメ科のアルファルファがおすすめです。産地によっても香りや質感が異なりますし、固い茎などが苦手な子は1番刈り・シングルプレスよりもやわらかい2～3番刈り・ダブルプレスを好むことも。好みに合う牧草を探しましょう。

さらに栄養を補うために、良質なペレットを。袋に書いてある標準給与量は、牧草を食べない場合の目安です。牧草をたくさん食べる子なら、体重の1%程度でもOK。成長期は食べ放題にして、大人になったら、獣医師に相談して与える量を決めるとよいでしょう。品種や成長ステージに合わせたものなどさまざまなタイプがあるので、上手に選んで健康維持に役立てて。

飲み水の用意も忘れずに。給水ボトルで飲むのが苦手な子ならお皿であげてても大丈夫です。

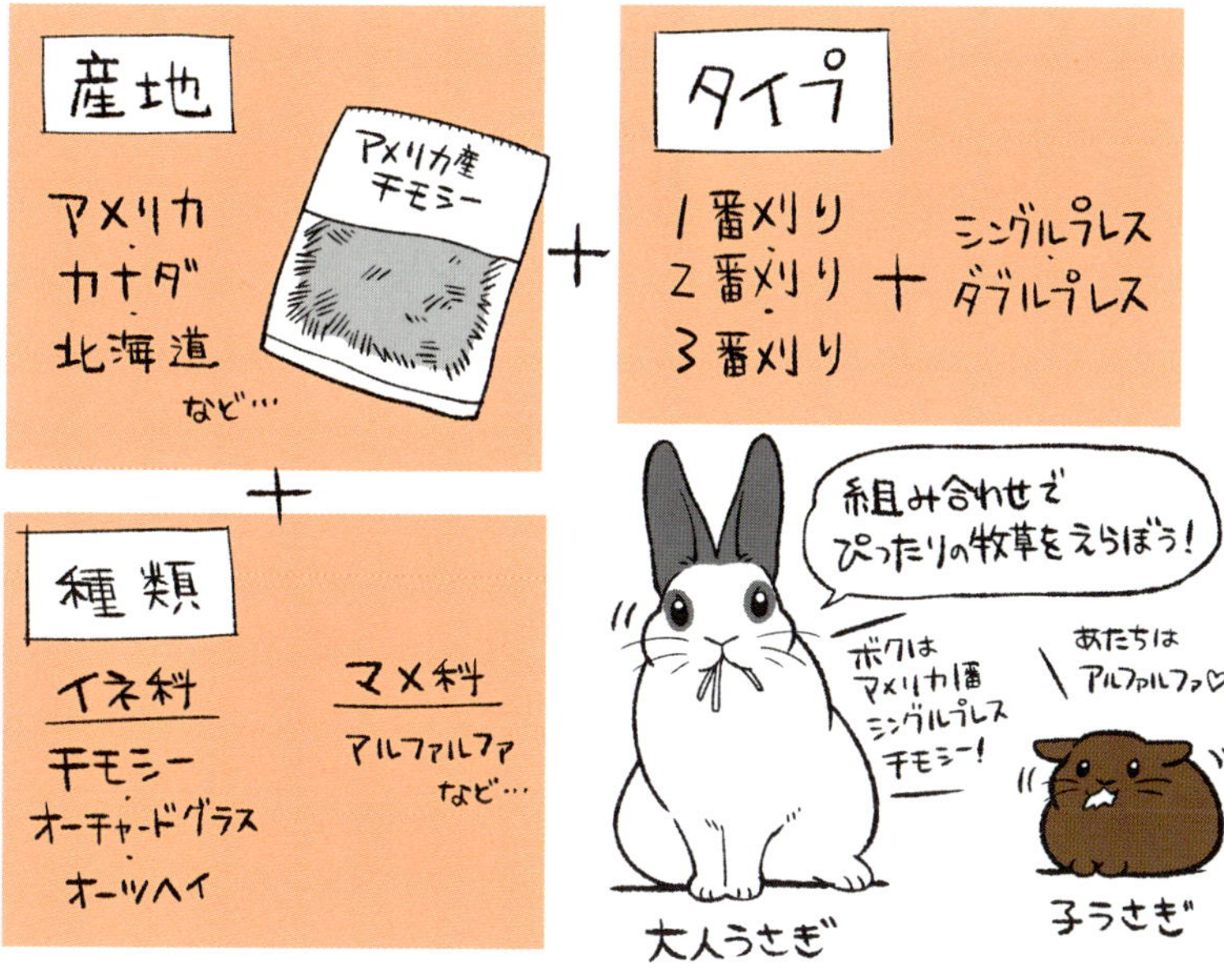

おやつって必要？

おいしいものは大好きです

栄養的には必要ないけれどおやつにはよい効果も

うさぎも人間と同じでおいしいものが大好き！　主食だけで栄養的には十分でも、うさぎの喜ぶ顔を見られたら飼い主さんも幸せな気持ちになれますよね。とくに次のようなシーンでは、おやつがよい効果をもたらします。

◆うさぎが嫌がることをしたとき

爪切りやブラッシングなどの後、ごほうびとしてあげればストレス緩和に。ケージに戻るのを嫌がる子も、おやつをケージ内であげればすんなり戻ってくれます。

◆食欲が落ちているとき

大好物のおやつがあれば、それがきっかけで食欲が戻り、体調回復につながることも。「これを食べないなら相当具合が悪いんだな」と、体調の目安にもできます。

◆コミュニケーションとして

手渡しでおやつをあげることで、「おいしいものをくれる人」として飼い主さんに対する警戒心が薄れ、なつくきっかけに。

おやつは、うさぎの体によいものを選び、あげすぎないよう気を付けましょう。「もっと〜」と甘えられるとついたくさんあげたくなりますが、おやつの食べすぎは肥満のもと。健康第一でおやつタイムを楽しんでくださいね。

健康を保つためにできることは?

日々の観察とお手入れが長生きの秘訣です

健康は一日にしてならず! 毎日の積み重ねが大切

うさぎの健康管理は飼い主さんの役割。食事に気を配り、環境を整えるとともに、普段からうさぎにふれ、健康チェックをする習慣をつけましょう。「おなかがいつもよりかたい」ならうっ滞を疑う、「背中を触って背骨がわからない」なら肥満など、触るだけでわかることもあります。

うさぎは具合が悪いことを隠す動物（P.107参照）。いつも一緒にいて、うさぎの様子を観察している飼い主さんにしか気付けない小さな変化が、病気のサインだ

健康を保つために大切なこと

ったりするのです。どんなに忙しいときでもうさぎの様子を観察し、話しかけ、ふれあう時間を毎日少しでも作ること。それが何よりも大切なことかもしれません。

また、爪は伸びすぎる前に切る、定期的にブラッシングをするなど、体のお手入れも忘れずに。うさぎの爪には血管が通っているので、血管の先を切ります。爪が黒い子は光に透かして血管を確認して。ブラッシングは週に一度～換毛期《かんもうき》には毎日。水で濡らした手でなでるだけでも無駄な抜け毛を取り去ることができるので、ふれあいタイムの習慣に。長毛の子はトリミングも有効です。

トイレのしつけはできる?

トイレはそれなりに覚えます

習性を利用してトイレトレーニングを

アナウサギは巣穴の中で、決めた場所で排泄する習性があります。その習性を利用して、トイレを覚えさせることができます。トイレトレーニングは次の手順で行ないます。

①ケージの隅（落ち着ける場所）にトイレを設置する
②トイレにオシッコのにおいのついたティッシュなどを入れる
③ソワソワしたり、しっぽを上げるなど排泄しそうなそぶりが見られたらトイレに乗せる
④トイレで排泄できたらほめる

トイレ掃除のポイント
●毎日掃除する
今日もキレイー♪
●においをとりすぎない
くん
くん
●なめても大丈夫なペット用消臭剤を使う
ペット用
人間用
今日のウンチも健康的！
色
大きさ
量

トイレ以外の場所でしてしまっても叱らず、すぐに掃除をしてにおいをとるようにしましょう。

ただし、トイレを覚えていても発情時やシニア期にはあちこちでオシッコをしてしまうことも。また、ウンチに関しては、トイレだけでする子はまれです。

トイレをどの程度使うかは、うさぎの性格によって異なります。完璧を求めず、「うまくできればラッキー」くらいのおおらかな気持ちで向き合いましょう。

トイレ容器は使わないけれど一か所にするといった場合は、容器を撤去し、すのこの下にペットシーツなどを敷いて対応を。

うさぎが苦手な季節はある？

暑さ&寒さ対策をお願いします

年間を通して温度・湿度の管理をしっかりと

うさぎが最も苦手な季節は夏。高温の室内に長くいれば熱中症になるおそれもあります。夏は室温が28℃以上にならないよう、エアコンをつけっぱなしにするのがベスト。加えてケージ内にクールボードなどのひんやりグッズを設置するのもおすすめです。ただし冷やしすぎも体によくないので、ケージはエアコンの風が直接当たらない場所に。エアコンだけに頼らず、窓やドアを少し開けて風の通り道を作っておきましょう。

うさぎは寒さには比較的強いで

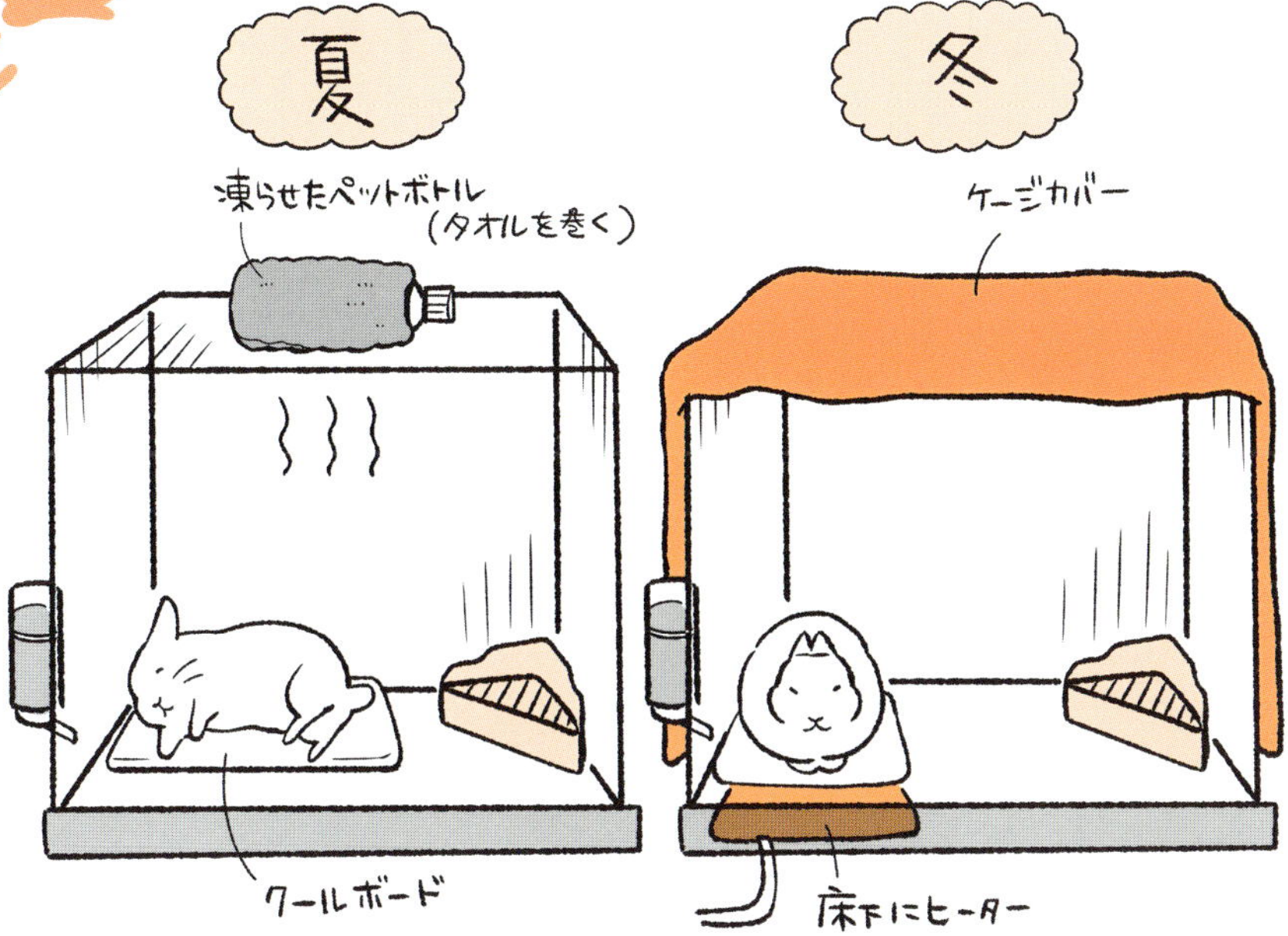

すが、室内の気温が18℃以下になるようなら寒さ対策を（健康な子なら15℃以下でもＯＫ）。ペットヒーターを使う場合は暖まりすぎないよう、ケージの床下や側面などに設置して。ケージカバーを付けるだけでも保温できます。闘病中のうさぎや子うさぎ、シニアうさぎは寒さで体調を崩しやすいのでしっかり保温しましょう。

うさぎが快適に過ごせる温度は20〜28℃、湿度は40〜60％です。空気が乾燥する冬は加湿器を、じめじめした梅雨は除湿器などを使って、湿度も調整を。温湿度計をケージに取り付けて、毎日チェックする習慣をつけましょう。

うさぎだけでお留守番できる?

2泊以上なら預けてください

お留守番や移動はストレスに配慮して

1泊2日までなら、うさぎだけでのお留守番も可能。ただし健康な大人うさぎで、温度・湿度をエアコンなどできちんと管理できる場合に限ります。2泊以上はお世話を頼みましょう。

◆知人やペットシッターに頼む

慣れた自宅でお留守番できるので環境変化のストレスがありません。うさぎの性格や食事内容、掃除などのお世話の仕方、かかりつけの動物病院などを事前に伝えておきましょう。

◆ペットホテルなどに預ける

できれば1泊から利用して慣らして。うさぎに詳しいスタッフがいて、犬や猫とは別の部屋で預かってくれる所なら安心です。

移動はうさぎに負担をかけるので、通院など必要最低限にとどめたいもの。ただし長期の帰省の際などは体調がよければ連れて行くことも選択肢のひとつになるでしょう。移動時はなるべく体が揺れないよう、大きすぎず足元が安定するキャリーを使って。抱っこでの移動は厳禁です。夏・冬は保冷剤やカイロをキャリーの側面に貼るなどして温度管理を。移動中はこまめにうさぎの様子を確認しましょう。

移動時
水分補給用の野菜
夏は保冷剤 冬はカイロなど
牧草

移動中
車酔いすることも…

具合が悪いのは隠します

「いつもと違う」は危険信号！早めの受診が命を救う

自然界では、弱っている動物は捕食者の格好の標的になってしまいます。そのため具合が悪くなっても元気なふりをするのがうさぎの本能。気付いたときにはもう手の施しようがない状態になっていることもあるのです。体調不良のサインを見逃さず、早期発見・早期治療をすることが大切です。

体調不良のサインには次のようなものがあります。

◆ごはんを食べない
◆ウンチ・オシッコの量が少ない、ウンチが小さい、ゆるい
◆体に触られるのを嫌がる
◆耳が冷たい、熱い
◆うずくまっている

「いつもはケージを開けたらすぐ寄ってくるのに、今日は来ない」など〝いつもと違う〟と思ったら、「何かのサインかな？」と疑って、ほかにも違うところがないか観察してください。

「なんとなく元気がない気がする」「顔つきが違う感じがする」など、〝ちょっと引っかかる〟程度のことでも、飼い主さんの直感が大切！「このくらいのことで……」と思わず、気になったら動物病院を受診しましょう。検査で病気が判明することもあります。

うさぎに多い病気は?

不正咬合、胃腸うっ滞に気を付けてください

牧草をたくさん食べて病気を防ごう!

食事内容に気を付けて病気を防ごう

健康で長生きしてもらうために、とくにうさぎに多い病気について知っておきましょう。

◆不正咬合《ふせいこうごう》

かみ合わせが悪くなり、歯が伸びすぎてしまう不正咬合。食欲不振、よだれなどの症状が出ます。切歯《せっし》は先天性が多いですが、落下事故やケージかじりが原因でなることも。定期的に歯を削って治療します。臼歯《きゅうし》は牧草不足、歯にくっつくおやつを日常的に食べていることなどが原因に。臼歯の場合は、食事内容を改善することで治

不正咬合
ウンチが
小さい・少ない
のは要注意！
胃腸うっ滞
初めはなんとなく
元気がなくじっとしている
程度の症状の子も
ウンチの量や大きさの
変化がサインに！

ることもあります。

◆胃腸うっ滞《たい》

胃腸の動きが悪くなることで飲み込んだ毛や食べ物などが胃腸にたまったり、ガスが発生する胃腸うっ滞。おなかが張る、強い歯ぎしり、おなかを床につけて体をくねらせるなどの症状が出ます。繊維質が少なくでんぷん質が多い食事内容（牧草を食べないまたは量が少ない）、水分不足、ストレスなどが原因に。鎮痛剤や胃腸の動きを促す薬の投与、水分補給、マッサージなどの治療をします。ただし腸閉塞《ちょうへいそく》を起こしている場合はマッサージが逆効果になることも。自己判断はせず、必ず受診して。

ほかに気を付けたい病気は？

斜頸、生殖器疾患などに気を付けてください

健康なうちから予防を心がけよう！

免疫力を高め早期の手術で病気を防ごう

免疫力の低下や加齢などから急に病気を発症することも。早期発見と予防に努めましょう。

◆斜頸《しゃけい》

首が傾いて戻らない状態を斜頸といいます。ひどくなると姿勢を保てなくなりゴロゴロと回転（ローリング）してしまうことも。原因は細菌感染による中耳炎《ちゅうじえん》から起こる内耳炎《ないじえん》、エンセファリトゾーン原虫が脳に寄生することによるエンセファリトゾーン症など。抗生剤や駆虫薬の投与で治療（まれに脳の病気で同様の症状が出るこ

とも。その場合は治療方針が異なります）。免疫力が低下すると発症しやすくなるので、清潔な環境とストレスのない生活を心がけて。

◆生殖器疾患

メスは2歳半を過ぎると子宮の病気を発症する確率が高まります。進行するとおなかの張り、見た目でわかる血尿などの症状が出ます。オスもシニア期から精巣腫瘍《せいそうしゅよう》などの生殖器疾患を発症しやすくなります。症状は陰嚢《いんのう》の腫れ、しこりなど。投薬をすることもありますが、避妊・去勢手術が一番の治療であり予防方法。肥満や高齢だと手術できないこともあるため健康なうちから手術の検討を。

どんなトラブルが多い？

人間の部屋には危険がいっぱいです

安全な環境を整えて事故を防ごう

事故は病気と違い、飼い主さんの心がけ次第で防げるもの。事故が起こりやすい環境になっていないか、今一度確認しましょう。

◆骨折

うさぎの骨は軽く折れやすいため注意が必要です。まず気を付けたいのは、ケージ内のロフトや部屋のソファなど高いところからの落下事故。ロフトは使わない、または低い位置に取り付け、ソファなどには上れないよう対策を。

踏んでしまった、ドアを閉めてはさんでしまった、などの事故は、

きちんとうさぎを見ていれば防げるもの。へやんぽ中はうさぎから目を離さないようにしましょう。

◆誤食

うさぎは物をかじる習性があり、さらに食べてしまうことがあります。少量であれば排泄されることもありますが、大量に食べてしまった場合、胃腸閉塞《いちょうへいそく》を引き起こすことも。

タバコなどを誤食すると、中毒症状で死に至ることもあり非常に危険です。「うちの子は食べないから」などと油断せず、うさぎの口が届く範囲には食べてはいけないものは置かないよう徹底しましょう。

家での看護、どうしてほしい?

闘病のサポートをお願いします!

二人三脚で早期回復を目指そう

うさぎに早く元気になってもらうために、飼い主さんがサポートしましょう!

◆環境を整える

ゆっくり体を休められるよう、ケージは静かで落ち着ける場所に。いつも以上に温度管理にも気を配って。食べて体力をつけることが大事なので、ごはんは食べやすい位置に。野菜など食欲不振でも食べてくれそうなものを用意して、食べる意欲を引き出しましょう。

◆ストレスは極力少なく

ストレスを最低限にするために、

嫌がるけれどしなくてはならない強制給餌《きゅうじ》などは、手際よく短時間で済ませたいもの。獣医師の手本を見てコツを覚えましょう。暴れることで余計な体力を使わないよう、体をきちんと保定《ほてい》するのも大切なポイント。薬を嫌がるときは、野菜ジュースに混ぜるなど、おいしく摂取できる工夫を。

◆明るく接する

うさぎは飼い主さんの気持ちを敏感に感じ取ります。「大丈夫だよ。よくなるから頑張ろうね」と明るく励まして。ごはんを食べられたら「おいしいね♪」ウンチが出たら「いいウンチが出たね！」などたくさんほめてあげましょう。

元気なうちに慣らしておきたいこと
•キャリー・移動
健康診断に行こうねー
•シリンジ
（投薬などに使う針のない注射器）
野菜ジュースよ
•触られること
今日もフワフワね
太らせないことも大切！
肥満だと手術できないことも！

動物病院のお好みは？

信頼できる獣医さんに出会いたいです

せんせい
よろしく
おねがいします

病院選びのポイントは うさぎの扱い方と話しやすさ

いざというときに慌てないよう、健康なうちから信頼できる主治医を探しましょう。

「うさぎの診察が可能」な病院は多くても、「うさぎの診察が得意」な獣医師のいる病院は限られています。できれば、うさぎに詳しい病院を選びたいもの。クチコミなども参考に、爪切りや健康診断で一度受診してみましょう。

まず確認したいポイントは、診察室でのうさぎの扱い方。複数人で保定《ほてい》したり、最初から診察台に乗せるのを嫌がり床の上で診ようとする獣医師は、うさぎの扱いに慣れていないのかもしれません。

また、飼い主さんとの相性も大事です。具合の悪さを表に出さないうさぎの診断には、飼い主さんからの情報が重要。「ちょっと気になった」程度の些細なことでも、遠慮なく相談できなければ、病気の発見を遅らせてしまうかもしれません。飼育相談なども気軽にできる雰囲気だと安心です。

かかりつけ病院が決まったら、定期的に健康診断へ。健康維持、病気の早期発見に役立ちます。かかりつけ病院の定休日や診察時間外にかかれる病院も同時に探しておきましょう。

春

春
雪は解け
花が咲き乱れ
花粉が飛び
うさぎの抜け毛が
飛ぶ季節
飼い主は
マスクが
手放せ
ない!!

特技

あれ？
うさぎいない……
ぴこん
？
完全に
インテリアに
溶け込んでいる

part 4
うさぎとのお付き合い

赤ちゃんうさぎの気持ちって？

まだまだボーッとしています

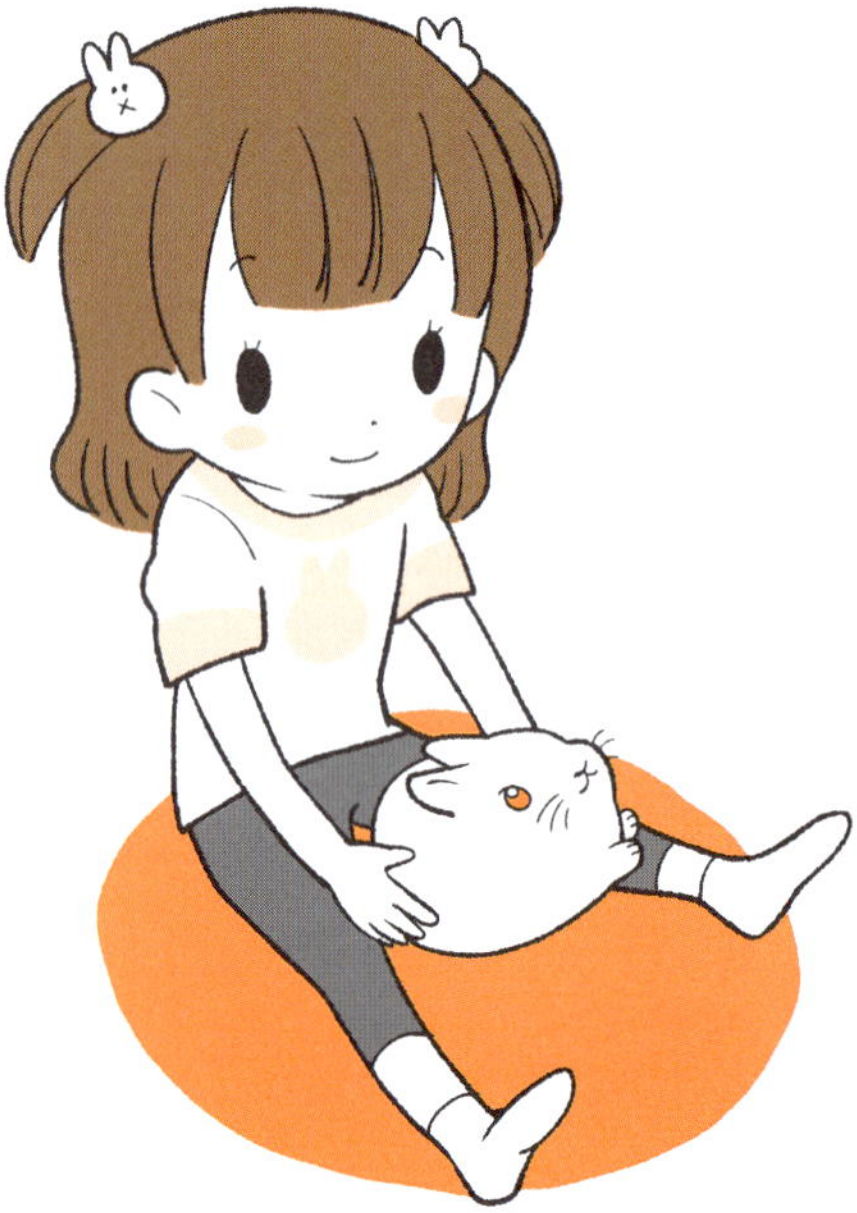

ふれあいに慣らすなど関係の基礎を築く時期

子うさぎは生後6～8週ごろ離乳して、母うさぎから離れます。ペットショップからお家に迎えられるのもこのころ。最初は新しい環境にドキドキ。「ここは安心できる場所」「飼い主さんは信頼できる人」と思ってもらえるよう、ゆっくり慣らしていきましょう。「○○ちゃん、おはよう」「掃除するね～」など、お世話をするときに声をかけるところから始めて。興味を示して近づいて来たら、手のにおいを嗅がせます。飼い主さんの声やにおいに慣れたら、徐々

幼年期にしておきたいこと

- コミュニケーションをとる
- 抱っこに慣らす
- いろいろな経験をさせる

○○ちゃんごはんだよー
ひょい
はっ はさまった!

に警戒も薄れていくはずです。

うさぎは本能的に抱っこを嫌がりますが、子うさぎはまだ自我が芽生えていないため抱っこやふれあいにも抵抗が少ないもの。ケージからは抱っこで出すことを習慣に。「抱っこされると外に出られる。楽しいことがある」と覚えさせましょう。

環境に慣れると、いろいろなことに興味を持ち始めます。経験を重ねて学習していく時期なので、危険なこと以外は見守って。

また、うさぎの食べものの好みは生後6か月までで決まると言われています。少しずつ野菜などを与え、味覚の幅を広げましょう。

思春期うさぎの気持ちって?

自己主張が止まりません

上下関係を教えしつけを始める時期

うさぎは生後3〜4か月ごろから性的な成熟が始まります。人間でいえば10代前半。思春期の到来です。素直だった幼年期と違い、自己主張が激しくなってきます。

自分の縄張りを広げ、守ろうとする意識が強まるので、やたらとケージから出たがり、飼い主さんに咬みつくことも。気に入らないことがあると足ダンや食器をひっくり返すなどして暴れたり、マウンティングやオシッコ飛ばしも激しくなります。抱っこや爪切りなども嫌がるようになり、ショック

思春期にしておきたいこと

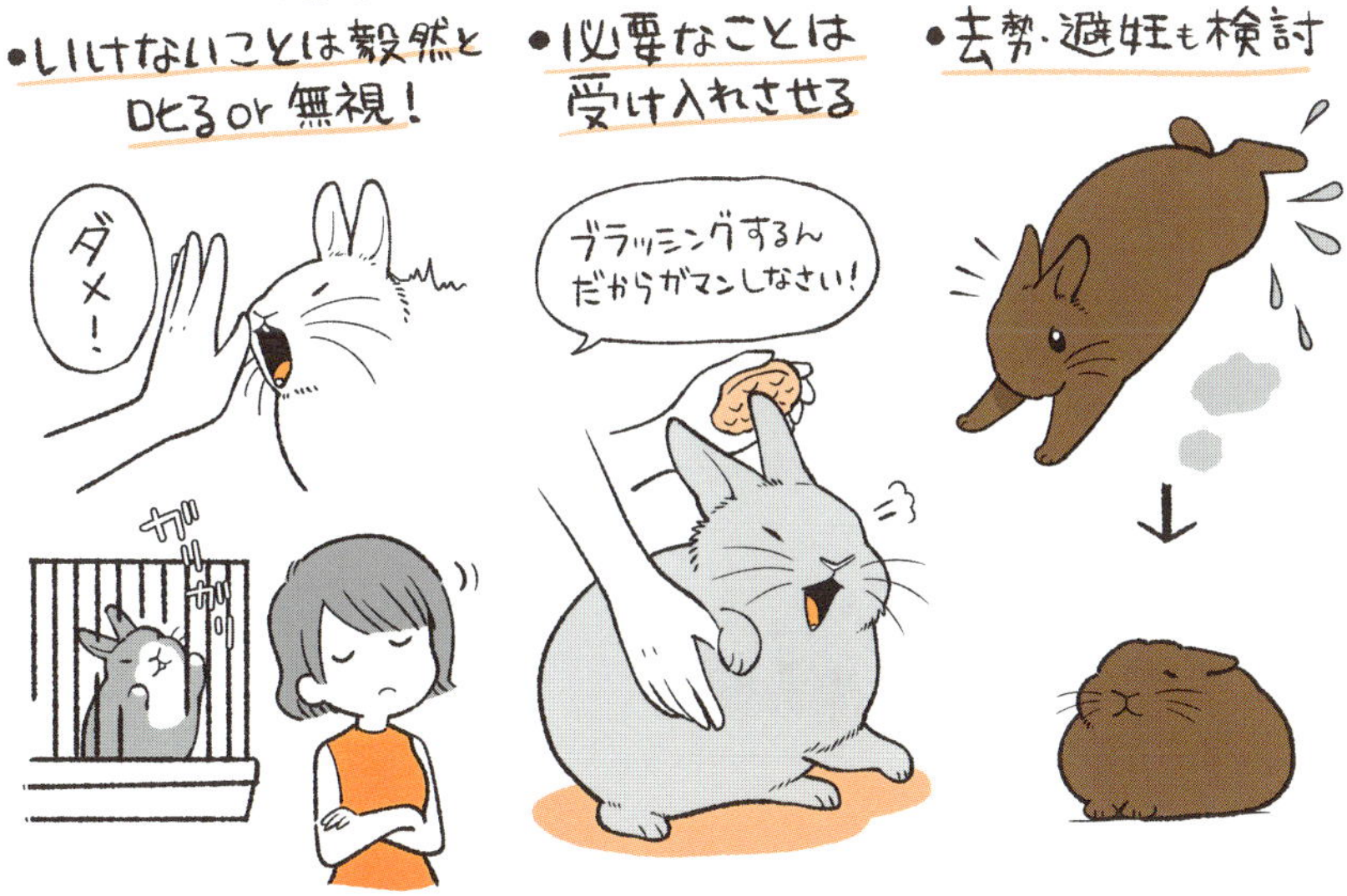
•いけないことは毅然と叱るor無視！
•必要なことは受け入れさせる
•去勢・避妊も検討
ダメ！
ブラッシングするんだからガマンしなさい！

を受ける飼い主さんもいるかもしれません。

でも、そこで「もう手に負えない！」と放置したり、うさぎの言いなりになって甘やかしたら、うさぎは飼い主さんを下に見て、ますますわがままになってしまいます。うさぎにしっかり向き合って、「ダメなことはダメ」「わたしのほうがあなたより上なのよ」と教えましょう。

縄張り意識が強すぎる場合は、スペースをサークルなどで限定するのも一案。爪切りなどはうさぎの縄張りの外で行なうようにするとよいでしょう。去勢・避妊をすると落ち着くこともあります。

大人うさぎの気持ちって？

オトナの余裕が出てきます

心身ともに充実して落ち着いた関係が築ける時期

体の大きさは、7か月ごろには大人と同じに。個体差がありますが1歳を過ぎるころから落ち着いてきて、2～3歳ごろには気持ちにも大人の余裕が出てきます。思春期にきちんとしつけができていれば、成年期には飼い主さんとお互い居心地のいい関係が築けるようになっているでしょう。

触られるだけで怒っていたような子や、抱っこを断固拒否していた子も、なでなでや抱っこを受け入れるようになったり。オシッコをあちこちでしていた子が、急に

成年期にしておきたいこと

トイレを使うようになったりするのもこの時期です。「ボクもいい大人だし、そろそろトガるのはやめにしようかな」なんて気分かもしれませんね。

　体力・気力ともに充実して、健康面でも安定してきます。だからといって油断せず、毎日の健康チェックは欠かさずに。やがて来る老年期に備えて、あらためて食生活や環境をチェックし、健康な体作りを意識しましょう。

　2歳半頃からメスは生殖器疾患の発症率が高まりますし、季節の変わり目など体調を崩すことも増えます。半年に一度は動物病院での健康診断を習慣にしましょう。

シニアうさぎの気持ちって?

甘えたり、頼ったり。ゆったりしてきます

若いころの勢いはなくなり穏やかに生きる時期

5歳ごろから、徐々に老化が始まります。7歳ごろから本格的なシニア期に突入。気持ちの面でも穏やかになり、気が強かった子も飼い主さんに甘えて頼るようになることが増えるでしょう。

気持ちが弱ると一気に老け込んでしまうこともあるので、お年寄り扱いはNG。「年はとったけど相変わらずかわいいね!」と、これまで以上にちやほやしてあげて。健康を損なわない範囲で好きな食べ物をあげたり、好きなように遊ばせたりと、うさぎの欲求を満た

シニア期にしておきたいこと

・体の衰えをカバーする
・うさぎの欲求を満たしてあげる
・お別れに向けて心の準備もしておく

してあげましょう。

シニアうさぎが暮らしやすい環境作りも大切。足腰が弱ってくるので、滑りにくいマットを敷いたり、ケージの出入り口にスロープを取り付けるなど段差をなくす工夫を。食器の位置も食べやすい位置に。ペレットはシニア用に切り替え、硬い牧草が食べづらそうならやわらかい牧草に切り替えて。

シニア期のうさぎとの穏やかな日々は、長生きしてくれたからこそ味わえる幸せな時間です。いつか来るお別れの日を思うとつらくなるかもしれませんが、悔いのないお別れができるよう、少しずつ心の準備をしていきましょう。

男子と女子で性格の違いはあるの？

オス・メスそれぞれ主張はあります

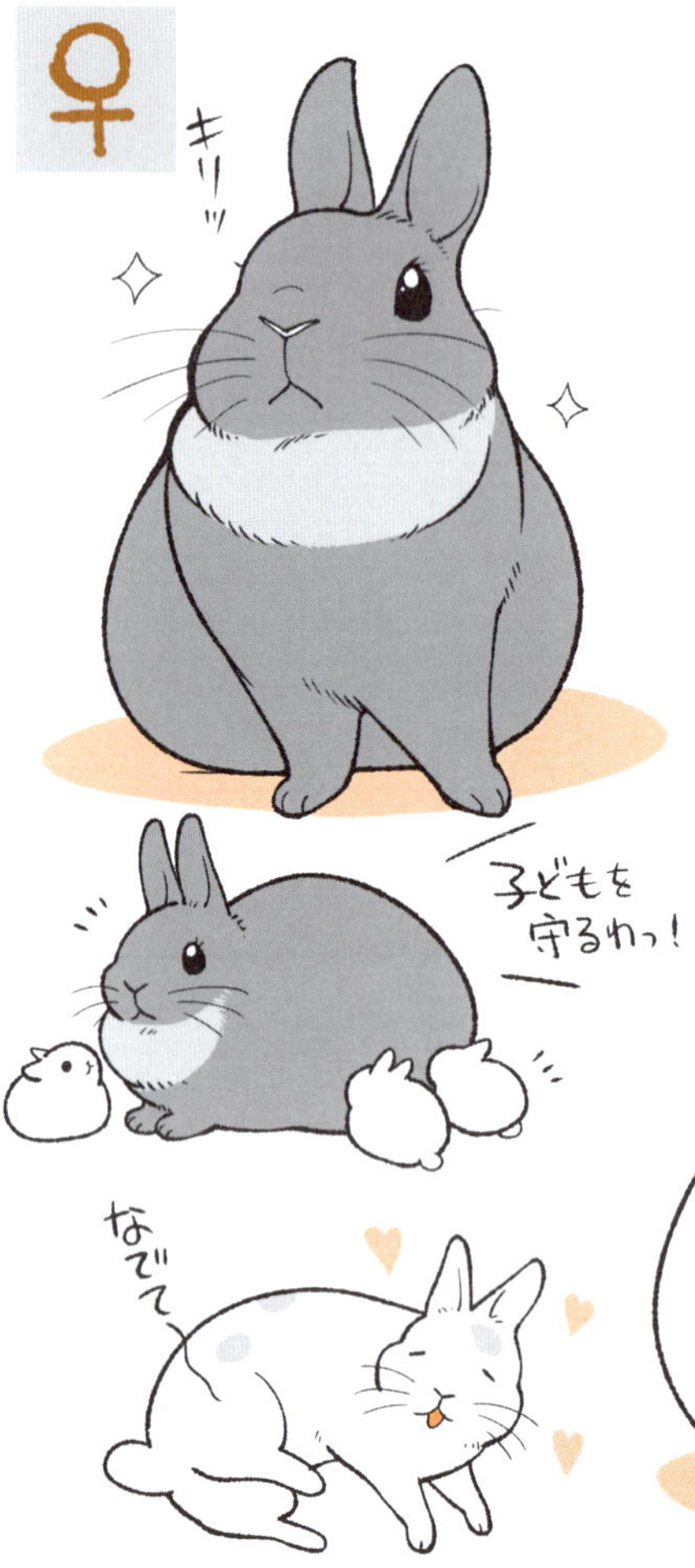

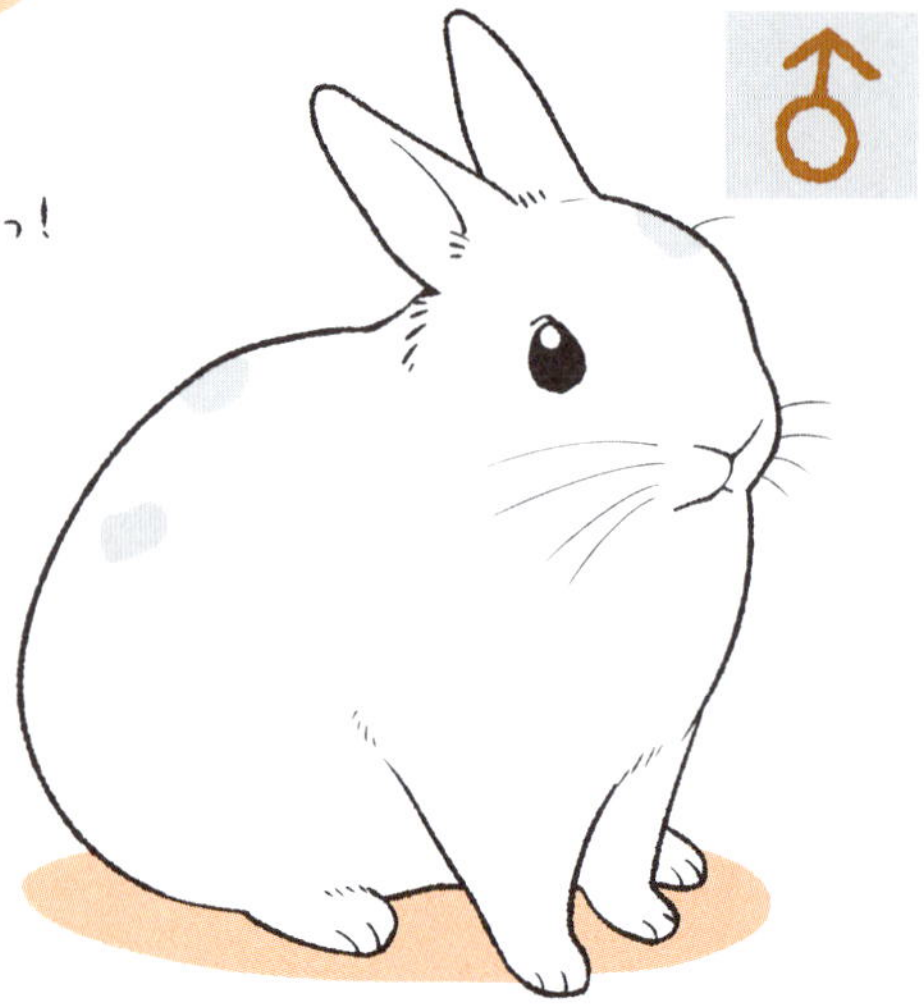

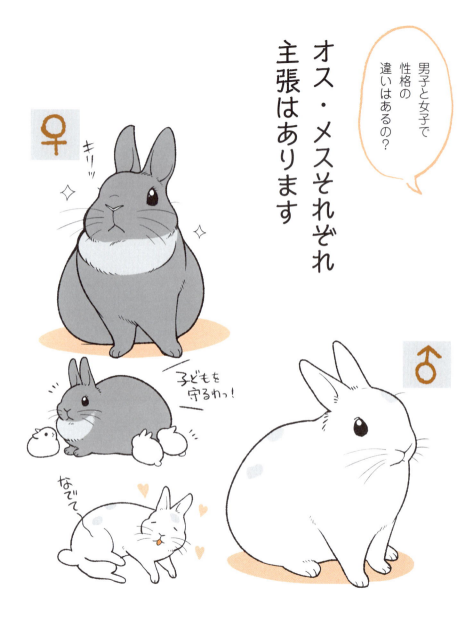

オスは甘えん坊 メスはクール!?

オスらしさ、メスらしさは性成熟する生後3か月ごろから出てきます。オスは縄張りを広げたいという気持ちが強くなるためケージから出たがったり、行動を制限されることに反発して攻撃的になったりします。ただオスは飼い主さんに甘えてくる子、人に対してフレンドリーな子も多く、去勢すると一層その傾向が強まります。

メスは子どもを産み守る性質から独立心が強く、飼い主さんとの関係もオスよりもクールな子が多いようです。発情期と休止期を繰り返すためホルモンバランスによってイライラしたり攻撃的になる時期も。避妊手術後は落ち着くこともありますが、オスほどベッタリではなく、気まぐれに甘えてくるタイプが多いようです。

野生のうさぎは1匹のオスのもとに、多数のメスがハーレムを作って暮らしています。そのためオスは皆「地域で一番の王様になりたい」メスは「ハーレムの第一夫人になりたい」という気持ちを本能的に持っています。常に順位を争う気持ちがあると、うさぎも落ち着けません。家では飼い主さんが群れのボスとしてうさぎの上に立つことを意識しましょう。

うちの子、どんな性格？

個性を大事にしてください

1人で生きていくぜっ
一匹狼
几帳面
食器の位置がちがう～

性格はうさぎそれぞれ。変わっていくことも

性別や品種による性質、性格の傾向はあれど、うさぎの性格はまさに十兎十色。次に挙げるのは性格タイプの一例です。飼い主さんの接し方で性格が変わってくることも。毎日コミュニケーションをとって、うちの子とのベストな付き合い方を見つけましょう！

◆勝気タイプ

わがままで、プライドが高くて。怒ると足ダン、うさパンチ！ まるで王様、女王様のよう。自由奔放なところが魅力ですが、甘やかしすぎず抱っこなど必要なことは

できるよう練習を。抱っこの後は好物をあげるなど、ご機嫌をとりながら上手に付き合って。

◆小心者タイプ

ちょっと弱気なビビリ屋さん。飼い主さんに甘えるのも控えめな態度。怖がり・弱気ゆえに咬みつくことも。何かするときは声をかけるなど、怖がらせない工夫を。

◆甘えん坊タイプ

飼い主さんのあとをいつもついて歩くようなベッタリさん。愛のアピールでオシッコをひっかけるなど困った行動が見られることも。エスカレートすると飼い主さんの不在に強い不安を感じるようになることもあるので注意。

なんでなついて
くれないの?

ちょっとあなたが
ニガテなのです

なつかない原因はいろいろ接し方を考えよう

なつくまでの時間にも個体差があり、お迎え初日からベッタリの子もいれば、何年も経ってやっと自分から寄ってくるようになる子もいます。焦らず長い目でうさぎとの距離を縮めましょう。

かまえばかまうほど逃げるといった場合は、性格的に「ベタベタしたくないのよね～」という子なのかも。あえてこちらからはあまりかまわないようにしてみると、さりげなく近くに寄り添ってくれるようになるかもしれませんよ。

普段うさぎと接する時間が少ないのでいつまで経っても警戒されるというケースも。例えば、奥さんになついて旦那さんにはなつかない場合は、ごはんをあげるなどうさぎが喜ぶことを旦那さんに担当してもらうとよいでしょう。

うさぎにとって「本能的、生理的にどうしても合わない！」という相手も残念ながら存在します。大きな声を出したり、いきなり触ってくるような人は苦手です。うさぎが嫌がることをしつこくしていませんか？　態度がコロコロ変わったりするのもうさぎに不信感を抱かせます。「この人についていけば安心！」と信頼してもらえる飼い主になりましょう。

環境変化で変わる心もあります

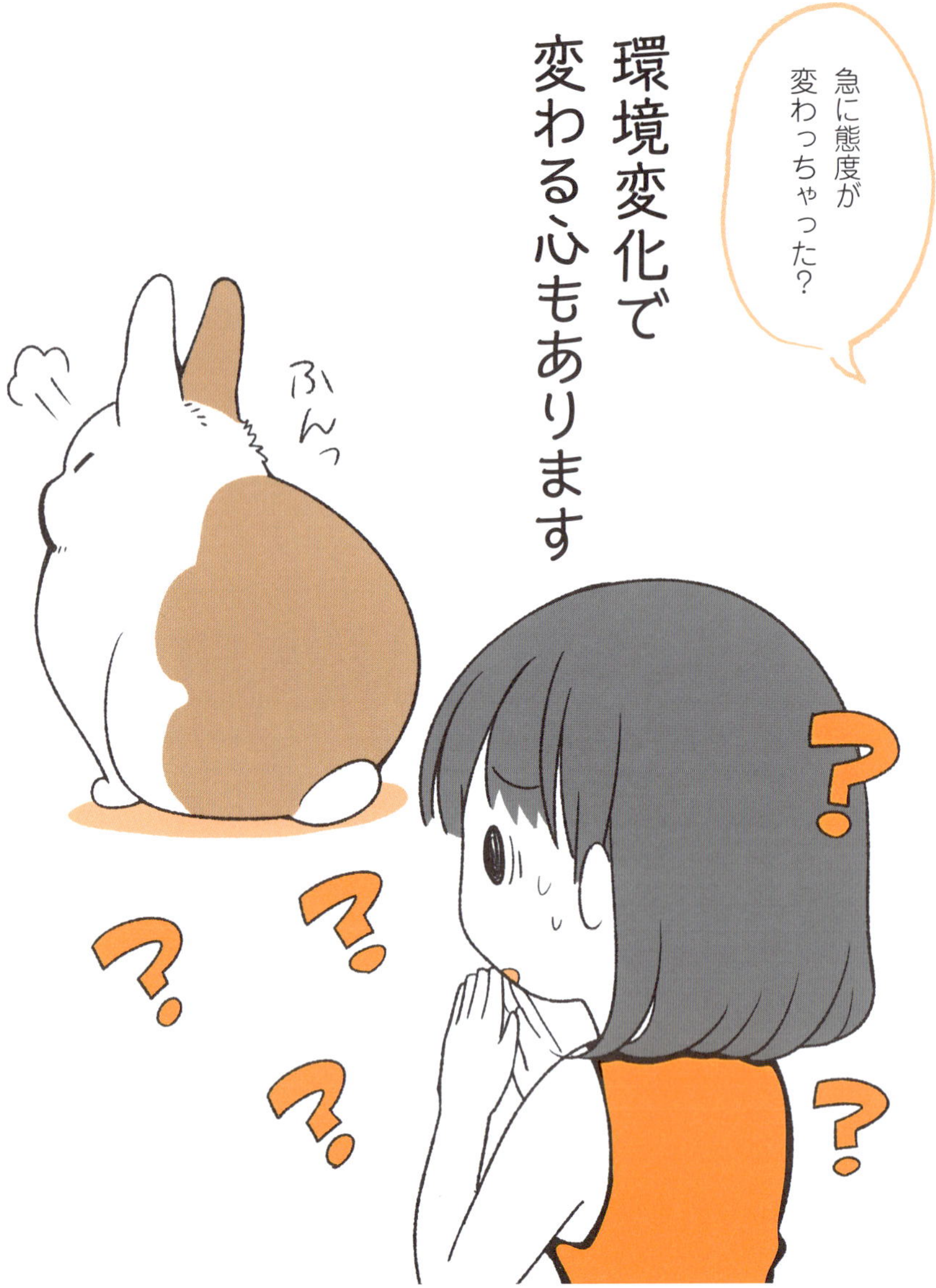
急に態度が変わっちゃった？
ふんっ

たいていは一時的なもの落ち着くまで見守って

なついていたのに、急に態度が変わってよそよそしくなった。攻撃的になった……。そんなときは、うさぎを取り巻く環境に変化がなかったか、振り返ってみて。

部屋の模様替えや引っ越しなどでなじんでいた環境が変わることに、うさぎはストレスを感じます。不安を少しでもやわらげるよう、うさぎのにおいのついた物を置いておきましょう。

家族関係が変わった（独立して家を出た、結婚・離婚した、赤ちゃんが産まれたなど）、新しいうさぎを迎えた、といった周囲の状況の変化にもうさぎは敏感です。一時的に心を閉ざしてしまったり、「飼い主さんを取られるのでは？」と嫉妬して攻撃的になることも。ですが、うさぎは順応性の高い動物でもあるので、いつかは慣れてくれます。戸惑う気持ちを受け止め、「これまでと変わらずあなたが大事だよ」と伝えることで、また元の関係に戻れるはずです。

何か怖い思いをしたことがきっかけで飼い主さんを嫌がったり、発情などから一時的に攻撃的になることもあります。そんなときはかまいすぎず、落ち着くまで見守りましょう。

うさぎは
ストレスに弱いの？

性格や対応でストレス度は変わります

ストレスの元は多いからノーストレスな環境作りを

うさぎのストレス要因となることは、環境変化、移動、暑さ寒さや急な気温差、不衛生な環境、騒音、苦手なにおい、換毛、発情、周囲の状況の変化、飼い主さんの接し方など数多くあります。飼い主さんの努力で取り除くことができるストレスもありますが、できないものもありますよね。また、抱っこや爪切りなど、ストレスになるけれど必要なことも。

ではどうするのがよいかというと、うさぎの性格に合わせてなるべくストレスがかかりにくい生活をさせてあげることです。抱っこや移動などは幼いころから練習することでストレスを減らすことができるでしょう。飼い主さんが神経質になりすぎるとストレスが強まってしまうので、おおらかに接することも大切です。爪切りの後はおやつをあげるといったストレス緩和策を用意しておくのも◎。

　ストレスを感じているとき、顔を洗ったり床を掘るといった転位《てんい》行動（P.67参照）で紛らわすこともあります。転位行動が多く見られたら、「何かストレスを感じているのかも？」と、うさぎの様子をよく観察し、取り除けるストレスなら取り除いてあげましょう。

どういうときが幸せ？

変化のない平和な毎日が幸せです

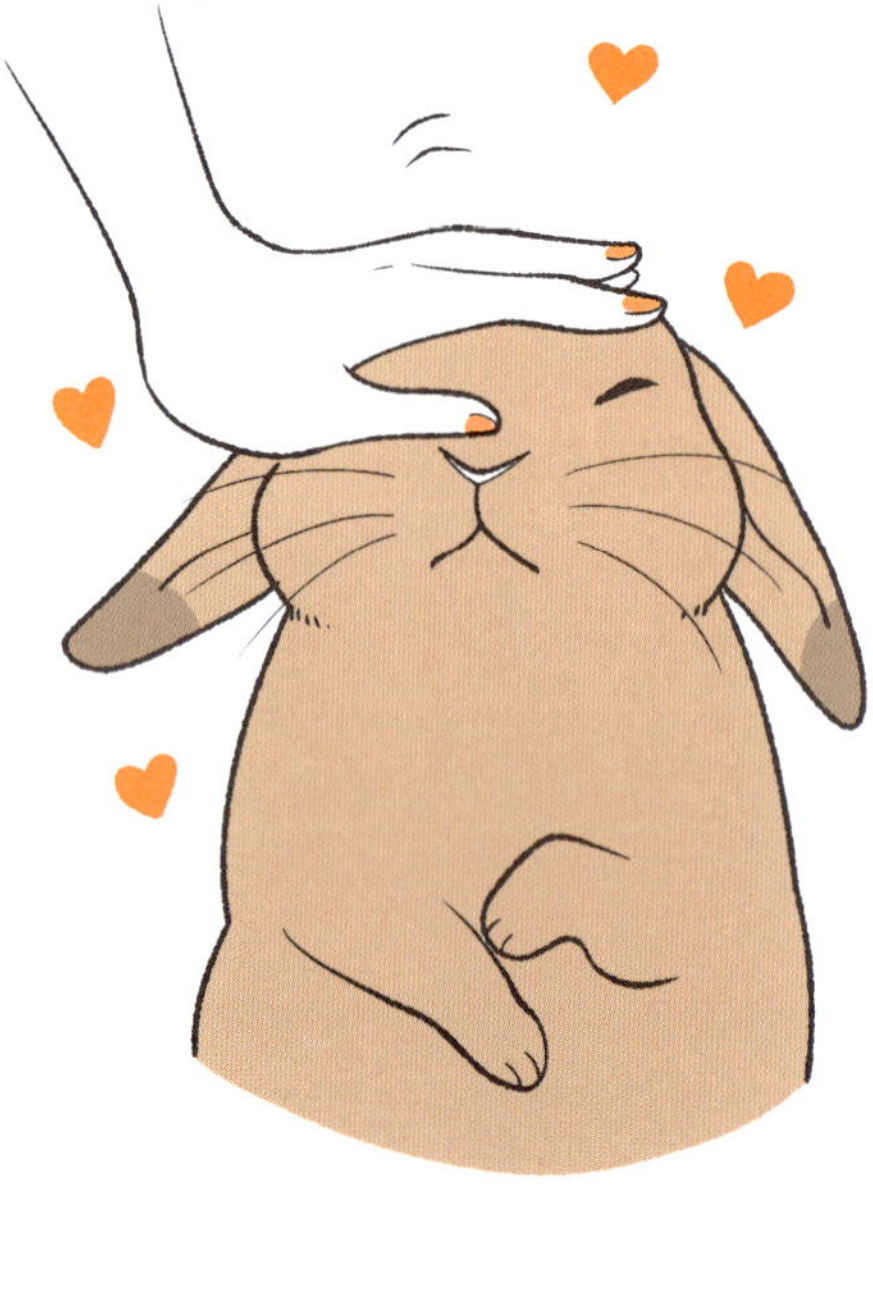

変化がないのが何よりも安心！

野生のうさぎは毎日を生き延びることに必死。食べ物が見つかるか、敵に襲われないか、群れの中での地位を保てるかなど、いつも緊張状態です。それに比べてペットうさぎは、敵に襲われる心配もなく、安心して暮らせる場所があり、飢えることなく食べられるだけで野生に比べれば幸せと言えます。

加えて飼い主さんとの関係が良好であれば言うことなし。それ以上のことは望みません。「いつも変化のない毎日で退屈しないのかな？」という心配は無用です。

むしろ「安定を乱される」ことを嫌うので、飼い主さんがよかれと思ってケージのレイアウトや食事のメニューを変えたり、外に連れ出したり、ほかのうさぎに会わせたりすることがストレスの要因になったりします。うさぎは周囲をいつも観察しているので、家族の中で言い争いが多かったりすると不安を感じ体調を崩すことも。

飼い主さんがいつも穏やかな気持ちで幸せそうだと、うさぎも安心することでしょう。「今日も平和で幸せだね」と感謝しながら、うさぎとの変わらぬ毎日を積み重ねていけたらいいですね。

うさぎ仲間がいたほうがいい?

ひとりでも寂しくないです

新しいうさぎのお迎えはストレスになることも

うさぎの魅力にはまると、「かわいいうさぎが2匹いたらもっと楽しいのでは?」と思うことでしょう。「1匹だと寂しいかな?」と心配して、新しい子のお迎えを検討する飼い主さんもいるかもしれませんね。

ですが、うさぎは1匹でも寂しくはありません。仲よくなれることもありますが、相性が悪いと大ゲンカに発展します。うさぎの群れには上下関係があり、複数飼いで下位になってしまったうさぎはストレスの多い日常を送ることに

なるかもしれません。

それでも、運命の出会いがあって2匹目をお迎えすることを決めたなら。まず、ケージは必ず別に用意しましょう。遊ばせるスペースも別に用意するか、1匹ずつ順番に「へやんぽ」させることを基本に。お世話やへやんぽの順番は、先住の子を優先してあげて。

ケージ越しに対面させて威嚇したりする様子がなければ、短時間から会わせてみましょう。最初は先住うさぎの縄張り以外のところで会わせると◎。相性が悪くどうしても仲よくなれない場合、お互いの存在がストレスになるので、ケージの位置も離すなどの配慮を。

かわいいうちの子の子どもが見たい！

お見合い、出産は慎重に

一度の出産で
1～10匹産まれます

うさぎは年中繁殖が可能！家族計画はしっかりと

うさぎは繁殖力が高く、オスとメスを一緒にしていればどんどん子どもが増えてしまいます。「かわいい子うさぎが見たい♡」と気軽な気持ちで繁殖をして、出産トラブルで母うさぎが亡くなってしまったり、思った以上にたくさん産まれてもらい手探しに苦労することも。繁殖させる以上、産まれた子うさぎにはすべて責任を持たなくてはなりません。飼育スペースや、家で飼う場合、今後かかる費用についてもきちんとプランを立てた上で繁殖をさせましょう。

メスの出産適齢期は1～3歳。季節は春か秋。初発情での繁殖は避け、十分体が成長してからがベストです。ケージ越しにお見合いをさせ、お互い気に入ったようなら、オスをメスのケージに入れるかサークルなどに2匹を放します。交尾がうまくいったら2匹を離しましょう。

うさぎの妊娠期間は1か月。出産が近づいたら、赤ちゃんを産むための産室として、巣箱などを用意してあげると◎。産後しばらくは母うさぎの気が立っているので、あまり覗きこんだりせずそっとしておいて。離乳したら別のケージに移しましょう。

発情
→
交尾
→
出産

離乳したらママとはバイバイ！
1匹ずつのケージに

出産は子宮疾患の予防にはなりません！
繁殖を終えたら
避妊手術を！

スキンシップ好きに
なってほしい！

上手になでなでしてください

うさぎのツボを知ってなでなでマスターになろう！

お手入れや健康チェックをスムーズに行なうためにも、飼い主さんの手が好きな子になってもらいたいもの。毎日のスキンシップでなでなで好きに育てましょう！

うさぎがなでられて心地よい場所は、鼻の上からおでこ、頭頂にかけて。このラインを最初は手の甲で優しく、慣れてきたら手のひらで強めになでると、「気持ちい～」とうっとりしてくれるはず。そのまま背中もなでてあげましょう。鼻の横から頬のラインをリフトアップするようになでるのも◎。

うさぎと仲良くなるために…

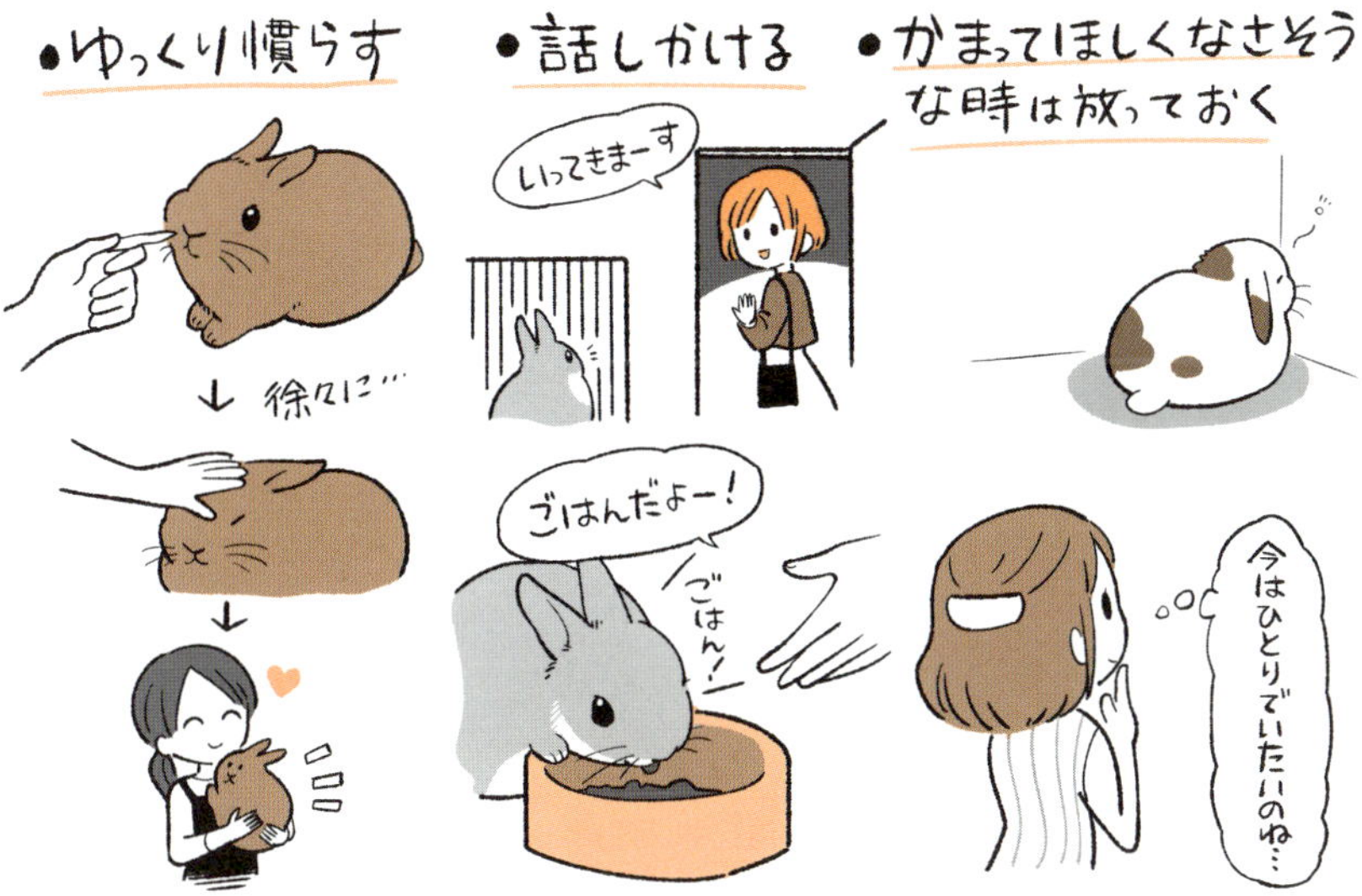
・ゆっくり慣らす
徐々に…
・話しかける
いってきまーす
ごはんだよー!
ごはん!
・かまってほしくなさそうな時は放っておく
今はひとりでいたいのね…

耳の付け根や首は、マッサージするようにもんであげても喜びます。耳が冷たくなっていたら、指先ではさんで優しくさすってあげて。

足やおなかは触られるのを嫌がりますが、足先を軽く握ったり、おなかに手を当てて軽くマッサージしたりして、少しずつ触られることに慣らしましょう。

母うさぎがなでられているところを見ていた子は、最初からなでなでを要求してくることも。反対にどうしても性格的にふれあいが苦手な子もいます。その場合は無理せず近寄ってきたときだけなでてあげればOK。年をとると人なつこく変わることもありますよ。

抱っこはちょっと怖いのです

うさぎは抱っこ嫌い！必要なときだけ短時間が基本

なでられるようになったら、いよいよ抱っこにチャレンジ！　でも、残念ながらうさぎは基本、抱っこ嫌い。足が地面から離れ、体が宙に浮く＝敵に捕えられたときを連想させるから。本能的に、抱っこに恐怖を感じるのです。

まれに抱っこ好きな子もいますが、抱っこはふれあいの一環としてではなく、健康チェックやケージの出し入れなど必要なときにだけ行なうものと心得て。まずはひざの上に乗せるところから始め、慣れたら基本の抱っこをしてみま

ひざ抱っこ
まずはここから
通常抱っこ
仰向け抱っこ
暴れても離さない！
おろす時は足から！

しょう。

①片手を脇の下に差し入れ、もう片方の手をお尻に当てる
②お尻を支えて持ち上げる
③素早く抱き寄せ、うさぎのおなかを自分のおなかに密着させるか、自分の脇にうさぎの顔をはさむようにして体を密着させる

　さらに健康チェックで重要なお尻周りの汚れや生殖器・おっぱいの腫れがないかなどを見るために、仰向け抱っこもできるようにしておきたいもの。おなかを合わせた状態から膝の上に倒す、わきに抱えて仰向けにするなどの方法があります。難しければ獣医師などに指導を頼むとよいでしょう。

うさぎと
遊びたい！

本能を刺激する遊びをください

うさぎの好みに合わせて遊び方を工夫しよう

うさぎにとって遊びの時間は運動不足の解消、ストレス発散にもなります。うさぎの習性とその子の性格に合わせて、楽しめる遊びを見つけましょう。

◆かじる、食べる

かじるのが好きな子には、かじれる素材のオモチャを。口にしても安全な、木やワラでできたものを選びましょう。食べるのが好きな子には、中に牧草を入れられるタイプの食べながらかじって遊べるオモチャもおすすめ。牧草の中におやつを隠して探させるのも遊びになりますよ。

◆つつく、くわえる

つついたり、くわえて投げたり、上に乗っかったりして遊べるボールもうさぎにおすすめのオモチャです。転がすと音が出るタイプやかじってもOKなワラ素材のボールもあります。

◆掘る、もぐる、かくれる

野生のうさぎは土を掘ってトンネルでつながった巣穴を作ります。ハウスやトンネルは、野生気分を満たすアイテム。段ボールをつなげて迷路状にしたり、箱の中にクッションや木のチップなどを入れてホリホリ専用ハウスを作ってあげてもいいですね。

走るのが好きな子は
広い空間を走らせてあげよう！
布団ホリホリは
喜ぶ子が多いが
オシッコされる率(高)
ラキャー
いらなーい
オモチャに
興味を示さない
ことも…
私は見守り役ね！

できれば
おうちの中にいたいです

「うさんぽ」は無理にせず するときは安全に注意して

うさぎを公園などで散歩させること＝「うさんぽ」に憧れる飼い主さんもいることでしょう。たしかに、草の上で走り回ったり、土を掘ったりといった野生のうさぎに近い姿を見ることができるのは魅力的です。うさぎの性格によっては、楽しんでうさんぽできる子もいるかもしれません。

しかし大半のうさぎにとって、慣れた家の中と違い、知らない音やにおいがしたり、外敵（犬、猫、カラスなど）がいる屋外は、「怖い」場所。もともと臆病な性格の子、環境の変化に敏感な子、体調が悪いうさぎや子うさぎ、高齢のうさぎはうさんぽを控えましょう。

うさんぽできるのは、健康で、移動にも慣れていて、好奇心旺盛な子。夏や冬は避け、気候のよい時期に。除草剤などがまかれていない場所を選び、最初はサークルで囲った中に放してみるところから始めて。慣れたらハーネスをつけて散歩させてみます。

何かでパニックになるといきなり全速力で逃げ出すこともあるので、リードはしっかり握っておくこと。犬などが近づいて来たらすぐに抱き上げて距離をとるようにしましょう。

うさぎ目線で撮影してください

角度や明るさなどを工夫してうちの子の魅力を引き出そう

「うちの子の写真がうまく撮れない！」とくやしい思いをしている飼い主さん。ちょっとした工夫で、もっとかわいく撮れるようになりますよ。

◆うさぎ目線で撮影する

床に這いつくばるようにして、うさぎと同じ目線、または下から見上げるように撮ると表情豊かに。

◆かわいく写る角度を見つける

正面やななめなどいろいろな角度から撮って、ベストな角度を見つけましょう。またアイキャッチが入ると、いきいきとして見えます。目に光が入るように工夫してみて。

◆露出を変える

　暗く写る場所では露出をプラスに、明るすぎる場所では露出をマイナスに補正することでちょうどよい明るさに。白い子は露出をプラスに、黒い子は露出をマイナスに補正するときれいに写せます。

　活発な子は、かごなどに入れて動きを止めて撮影してみましょう。慣れてきたらかわいい小物と並べて撮ってみたり、背景をぼかすテクニックにもチャレンジしてみて。上手に撮れたら、写真を使って世界にひとつのうちの子グッズを作るのも楽しいですよ。

もしかして、うさぎアレルギー!?

一緒にいられる工夫をしてほしいです

アレルギーと付き合いながらうさぎと暮らす工夫を

うさぎと一緒の空間にいると、目がかゆくなったり、涙が出たり。鼻水やくしゃみ、咳が止まらない……。体にかゆみやじんましんが……。そんな症状が出たら、うさぎアレルギーかもしれません。飼い始めて数年経ってから発症するケースも。「アレルギーかも？」と思ったら、病院で検査を受けましょう。

検査をして、うさぎアレルギーと診断されたら。今後のうさぎとの付き合い方について考えなくてはなりません。命に関わるほど症

状がひどければうさぎを手放さなくてはならない場合もありますが、症状が軽いなら、マスクや手袋をすればふれあっても大丈夫なことも。アレルギーの度合い、症状の出方はさまざまなので、医師と相談して、自分の体質に合った治療をしながらうさぎと暮らす工夫をしていきましょう。

うさぎの生活空間には空気清浄器を設置してこまめに掃除する、抜け毛は空気中に舞わないよう袋に入れて捨てる、などの対策も有効です。うさぎではなく牧草アレルギーのこともあるので、アレルギー症状が出たらチモシー（イネ科）についても検査しましょう。

さよなら……
また会おうね
愛してくれて
ありがとう
またね

後悔のないお別れのため一日一日を大切に

うさぎの平均寿命は、一般的には約7年。うさぎを見送ることは飼い主さんの大事な務めです。お迎えしたときから、いつか来るお別れの日を意識し、一日一日を大切に、精一杯お世話をし、愛情を伝えていくことが、後悔のないお別れにつながります。「これまで楽しかったね。ありがとう」と見送ってあげられるといいですね。

とはいえ、笑って思い出を振り返ることができるようになるには時間がかかることでしょう。悲しい気持ちを無理に抑えようとする必要はありません。泣きたいときは我慢せずに泣き、周りの人に話を聞いてもらいましょう。

最後のお見送りは、ペット霊園や自治体で火葬してもらう、自宅の庭に埋葬するなど、選択肢はいくつかあります。事前に調べておき、納得のいく方法を選んで。お骨はペット用のお墓に納めたり、自宅で写真を飾るなどして作った祭壇に置いておいても。庭に埋葬した場合は、お花を植えてもいいですね。花が咲くとき、月を見上げるとき。ふとしたときに愛うさぎの存在を感じられたら、「心の中にあの子がいつも一緒にいる」と実感できることでしょう。

換毛期の哲学

ぬけたー!
あらー換毛期始まったね
ブラッシングしようねー
やめてー!
やめてったら!!
ガジガジ
コラー!ブラシ食べちゃだめでしょ!
おでこをおさえられるとおちつく〜〜
すっ…
ハッ!そんなとこさわられたら……!
……ぐ〜〜zzz
わー!毛いっぱい抜けたね!
すっきりした!
今までに抜けた毛量がうさぎ本体の毛量に到達したとき――…
この毛玉は最早うさぎと呼べるのではないだろうか――…!
そんなわけはない

ぬかりない

なで
なで
うさぎはとても警戒心の強い動物
そんなうさぎが自分の前で無防備になってくれることの
なんて幸せなことか……
でも反対側はバッチリ逃げる準備をしてたり……
もっと心許して!!

うさぎとうさぎ飼い

テレビ観てる……
自分のこと人間だと思ってるんだろうなあ
けれど私も自分を人間と思い込んでいる点はうさぎと何も違わない
本当は彼らが人間で我々人間がうさぎだという可能性もある
だから実は我々の方が
うさぎに飼われているのかもしれない……

Staff

イラスト・漫画　井口病院
執筆　齊藤万里子
デザイン　原てるみ、星野愛弓（mill design studio）
DTP　北路社
編集協力　齊藤万里子

Special Thanks

and oliveさん&olive　Kayoさん&さくらん
sachi_kajiさん&タフィー　Satomi.さん&ピーター
Jさん&楓、権三郎、華子　はるりんごさん&るな
Hiromiさん&もちすけ　PENさん&とら
まぴんこさん&ぽにょ、ぽるんぽんぽん、ぽわいてぃ
やまもんさん&りあん、ヒビキ、るっか

監修

シャンテどうぶつ診療所　院長
寺尾順子

愛兎に十分な治療をしてやれなかった経験から「うさぎのお医者さん」を目指し、埼玉大学を卒業後、東京農工大学農学部獣医学科に再入学。卒業後3年間のインターンを経て、獣医になるよう導いてくれた愛兎シャンテの名前を冠したシャンテどうぶつ診療所を2003年に開院。病気を治すだけでなく長生きうさぎになれるよう、飼い主さんへの指導にも力を入れている。

「うさごころ」がわかる本《ほん》

2017年 9 月20日　第1刷発行
2020年 3 月 1 日　第4刷発行

監修者　寺尾《てらお》　順子《じゅんこ》
発行者　吉田　芳史
印刷所　図書印刷株式会社
製本所　図書印刷株式会社
発行所　株式会社　日本文芸社
〒135-0001　東京都江東区毛利2-10-18　OCMビル
TEL　03-5638-1660（代表）

Printed in Japan 112170908-112200214 Ⓝ 04　(090007)
ISBN978-4-537-21505-2
URL　https://www.nihonbungeisha.co.jp/

（編集担当：前川）